SÅGA, BRÄNNA, KOKA ELLER....?

Skogen en guldgruva!

Lars-Arne Sjöberg

Tidigare utgivna böcker av samma författare:

1. Sverigedemokraterna –
   Inifrån och utifrån.
2. ...och den ljusnande framtid är vår?!? –
   Vad vet vi och vad tror vi om framtiden.
3. Lever vi av räntan eller tär vi på kapitalet?
   Att hushålla med jordens resurser.
4. Nya Sverige och de nya svenskarna –
   Mångfaldens möjligheter och utmaningar.
5. Vårt dagliga bröd giv oss idag –
   Kommer maten att räcka till?
6. Fossil energi måste ut –
   Vad kommer i stället?
7. Nu blir vi digitaliserade –
   Vi blir 1:or och 0:or.
8. Framtidshopp eller klimatångest? –
   Himmel eller helvete?

Bild framsidan:
https://pixabay.com/sv/photos/vintriga-sn%C3%B6-granar-sn%C3%B6iga-s%C3%A4song-2993370/

Förlag: BoD – Books on Demand
Tryck: BoD – Book on Demand, Norderstedt, Tyskland
ISBN: 9789178511013

INLEDNING

Det pågår en förvandling av vår skogsindustri från de traditionella produkterna till nya? Får papper, timmer och ved konkurrens av nya produkter och nya processer i en ny produktmix?

År 2045 ska Sverige inte längre bidra till växthuseffekten. Så ser den politiska målsättningen ut. Om det ska lyckas måste vi bryta vårt beroende av olja och fossila råvaror. Nya material och produkter med skogen som råvara blir här ett viktigt alternativ, och Sverige har alla förutsättningar att ligga i framkant för denna omställning.

Trädets byggstenar har unika möjligheter. Dessa har potential att bli den grundläggande komponenten i förnyelsebara högförädlade produkter.

De traditionella produkterna – papper, timmer och ved – är givetvis fortfarande viktiga, men branschen söker och finner nya produkter.

Textilindustrin är en av världens största branscher, men det är också en bransch, som har betydande miljöproblem. Att producera en vanlig t-shirt i bomull innebär att 2 700 liter vatten och 150 gram kemikalier används. Dessutom odlas bomull på jordbruksmark, som behövs för matproduktion.

Skogens användning (2016)

	Uttag idag (milj.m^{3}sk per år)	Beräknat uttag om några år (milj.m^{3}sk, år)
Massa- och pappersindustrin	42,0	48,0
Sågade trävaror	44,0	44,0
Industriellt träbyggande	0,5	1,0
Biobränsle	Marginellt	20,0
Skyddad skog	8,5	17,0
Nya produkter	Marginellt	?
Totalt uttag	**95,0**	**130,0**

RÅVARAN

Cellulosafibern är ihålig och fiberväggen är uppbyggd av fibriller. Ligninet som bäddar in fibrerna bildar mittlamellen[1].

Cellulosa är uppbyggd av långa kedjor av glukosmolekyler. Hemicellulosor består av olika sockerarter (bl a glykos, xylos och mannos) och bildar kortare, förgrenade kedjor.

Lignin är en högmolekylärt amorf med komplicerad struktur. Den är termoplastisk, d.v.s. hård i kallt tillstånd men mjuknar vid uppvärmning. När cellerna förvedas lagras lignin i cellväggarna. Cellerna får en styvare struktur vilket höjer tryckhållfastheten.

I traditionell massa- och pappersindustri används följande:

- Cellulosa 100 %
- Lignin 0 %
- Hemicellulosa 0 %
- Extraktivämnen 33 %

I träden finns alltså en stor outnyttjad potential.

Vi har idag en tillväxt på ungefär 120 miljoner skogskubikmeter per år. Dagens uttag uppgår till cirka 95 miljoner skogskubikmeter. Detta gav 2016 ett exportvärde på 127 miljarder kronor eller 10 procent av Sveriges totala export[2].

Men veden innehåller många andra användbara ämnen, som kan utvinnas och förädlas.

För textilbranschen är en fiber från ved intressant. Det är ett alternativ som ersättning för den miljöbelastande viskosprocessen som efter processutveckling åter utgör ett tänkbart alternativ.

SKOGEN – EN GULDGRUVA?

Skogen är vår främsta naturresurs

Sveriges landyta är till 70 procent täckt av skog. Skogsnäringen ska fortsätta att driva landets ekonomi framåt under kommande årtionden och då måste den anpassas till en ny tid. En sådan omställning är samtidigt avgörande för att nå ett hållbart samhälle med minskade utsläpp och förnyelsebara material och produkter.

När det gäller våra kläder, är det nödvändigt att vi minskar vår förbrukning av bomullstyger. Utveckling av nya tyger baserade på fibrer från skogsråvara visar lovande resultat.

Ett annat problem är att många tyger – fleece och andra syntetmaterial – släpper sk mikroplastpartiklar, som vid tvätt frigörs och som i stor utsträckning hamnar i haven.

Vidare visar utvecklingen av återvinningsmetoder lovande resultat och vi måste återvinna olika textilier.

Exempel på produkter från skogen[3].

- Ätliga växter
- Industriellt träbyggande
- Textil från skogsråvara
- Smarta förpackningar
- Biodrivmedel

- Fossilfritt bränsle
- Lättviktsmaterial
- Kolfiber från skogen
- Genomskinligt trä
- Energilagringsmaterial
- Mjuka batterier
- Medicinska tillämpningar
- Bioförband
- Bioplaster
- Biobaserade mikroplaster
- Nanocellulosa[4] kan kallas supermateria. Detta är ett material som kan användas som
    - förstärkningsmedel i papper
    - konsistensgivare i kosmetika
    - livsmedel
    - sårläkning
    - papper som leder energi
    - ämne för energilagring och biobaserad elektronik
    - starkare trådar än spindeltråd
    - solceller och paneler

... och i framtiden som lättviktsmaterial i

- bilar
- flygplan
- möbler

- konstruktion.
- transparent trä

Skogen skyddar mot allvarliga sjukdomar

Skogen har andra värde. Skogen som miljö blir alltmer viktig i vårt stressade samhälle. Enligt forskarna räcker det med runt 20 minuters promenad i skogen några gånger i veckan för att hälsan ska förbättras[5].

Man vet att skogen...

...stärker immunförsvaret
...sänker blodtrycket
...ökar koncentrationen
...påskyndar återhämtningen efter sjukdomar
...är bra för matsmältningen.

SKOGENS NYA PRODUKTER

Framtidens skogsindustri

Bioekonomi är skogsindustrins framtid i hela Europa. EUs beräkningar visar att varje krona som investeras i denna forskning kommer att generera tio gånger pengarna fram till år 2025[6].

Bioekonomi innebär att man ersätter alla *svarta fossila kolatomer mot gröna biologiska kolatomer*. Dessa fungerar precis lika bra till bränslen, plaster och annat som idag produceras av fossila ämnen. Dessa gröna kolatomer smutsar inte ner vår atmosfär med mer koldioxid. Vi kan idag dela upp en stock i hundratals kemikalier som i sin tur kan användas för att tillverka tusentals produkter, bränslen och energiråvaror.

Bioekonomi handlar om att nyttja de biologiska resurser vi har så effektivt som möjligt eftersom denna typ av produkter kan återvinnas.

Dessutom innebär den framtida bioekonomin att vi minskar vår energiförbrukning i transporter, elektronik, uppvärmning och alla andra processer som förbrukar energi.

På gång:

- Ett nanopapper med magnetiska nanopartiklar, som
    - är fem gånger starkare än vanligt papper
    - släpper inte igenom syre
    - kan ersätta plast som förpackningsmaterial
    - kan kanske användas i elektronikprodukter, i bilar, flygplan och i en rad medicinska produkter
    - är lika starka som kevlarfiber som används som kappseglingssegel och skottsäkra västar
- Kemikalier för bioplaster, färg, lim, lack, bindeme-

del och mycket annat

- Specialkemikalier och barriärer, som ofta görs av polyeten
- Industrilim där harts ersätter fenol
- Björksocker till tuggummin
- Kompositmaterialet dura pulp
- Ligninfiber inom hygienområdet och högabsorberande vedstrukturer
- Kolfiber av lignin
- Produktion av algbiomassa av restprodukter från Bäckhammars bruk
- Bioolja, som kan vidareförädlas till bioplast, biodiesel eller smörjolja.
- Ge trä nya egenskaper som varken ruttnar eller brinner
- Flaskor av cellulosa som kan ersätta PET-flaskor och som kan återvinnas som kartong
- En papperskasse som håller kyl- och frysvaror kalla upp till 24 timmar
- Cykelhjälm av skogsråvara, innehåller nanocellulosa, höljet i träfaner och remmarna av papper.

Man har flyttat fokus inom svensk skogsindustri. Från att ha ansett papper av olika slag som den enda intressanta produkten och där ligninet bara användes som energikälla.

Man försöker nu att se hela vedinnehållet som användbart till olika produkter[7].

I utvecklingen av en hållbar bioekonomi har Sverige ett gott utgångsläge med en stark skogsindustri. Branschen sysselsätter direkt cirka 70 000 personer och totalt 200 000 personer inräknat alla kringtjänster. Exportvärdet var 126 miljarder kronor 2016. Sverige är världens tredje största exportör av skogsindustriprodukter[8].

Under 2016 producerades 6,1 miljoner ton pappersbaserat förpackningsmaterial i Sverige enligt Skogsindustriernas statistik. Det motsvarar en nästan sjuprocentig ökning från året före.

Tillverkningen av grafiskt papper – tidningspapper, skriv- och tryckpapper med mera – sjönk med 11 procent under 2016, till 3,6 miljoner ton[9]. Detta är en följd av digitaliseringen där en stor del av informationsspridningen sker via våra datorer.

Framtidens material kommer från skogen

Vi är vana vid att skogen eldas och sågas och där utnyttjar vi hela vedinnehållet. Men när vi använder veden till kemisk massaframställning, så utnyttjar vi bara ungefär hälften av veden. Resten eldas i sodapannan. Det utlösta materialet är visserligen viktigt för sitt energiinnehåll, men den utlösta vedsubstansen kan användas till mycket mera.

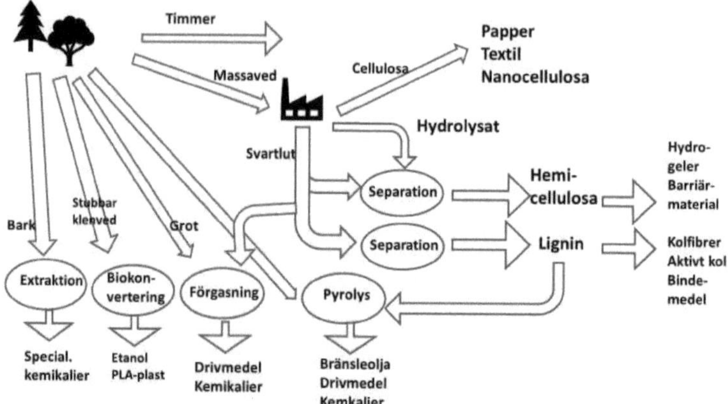

På vad sätt kan skogen spela en roll när vi är på väg in i det fossilfria samhället? Skogen kan bidra med nya miljövänliga material. Träd kan ersätta oljan i tillverkning av plaster.

Målet är att skapa starkare och brandsäkra material.

Läkemedelsindustrin använder redan trädets finkemikalier till bland annat cancermediciner och till kådsalva för sårvård[10].

Fler produkter från skogsråvara

Redan idag tillverkas andra produkter av skogsråvara än de vi traditionellt kanske tänker på som skogsprodukter.

Förnybar råvara är en grundläggande förutsättning för den

hållbara bioekonomin. Vi i Sverige avverkar mindre än tillväxten, vilket innebär att skogsbeståndet ökar hela tiden.

Det finns en stor potential när det gäller att utnyttja en högre andel skogsråvara till nya produkter. Förädlingsvärde skulle öka och sådan utveckling skulle gynna omställningen till ett hållbart, fossilfritt samhälle. Potentialen i detta faktum är stor då det ger möjlighet att ersätta plast, metall och kemikalier med biobaserade alternativ från skogen.

Vedfiber har blivit intressant som råvara till nya produkter när samhället ska ställa om från fossilbaserade material till förnybara[11].

Producerade mängder primärprodukter i Europas massafabriker (kiloton, 2014)[12]

Produkt	Tillgängligt	Applikation
Massa	28 000	Papper, förpackningar
Lignin	14 000	Bränsle, kemikalier
Hydrolyssyror	7 500	Inga
Hemicellulosa (xylan, glukomanan)	2 000	Inga
Myrsyra, ättiksyra	3 500	Inga
Extraktivämnen	1 500	Tallolja, terpentin

Vi ser nya användningsområden för cellulosa, hemicellulosa och lignin, men även trädens bark innehåller ämnen som kan vara intressanta inom till exempel läkemedels- och livsmedelsindustrin.

Papper- och kartongindustrin arbetar hela tiden med att ta fram material med nya egenskaper. Det är troligt att framtidens produkter från skogen kommer att vara fler och användas inom områden som vi kanske inte ens föreställer oss idag.

Vad kan vi vänta oss för innovationer framöver:

- Bildskärmar av papper?
- Kolfiber för lättviktsmaterial?
- Nya typer av gröna kemikalier?

Stor kunskap i Sverige

På KTH radar Josefin Illergård, kommunikationsansvarig på Treesearch, upp olika exempel på nanocellulosa. En trögflytande gel, popcornliknande puffar, pyttesmå genomskinliga bollar och en bit transparent papper.

- *I Sverige är vi många aktörer som sitter på väldigt mycket kunskap. Genom bra samarbeten kan vi nå en biobaserad framtid där skogen utgör en stor och viktig del*, säger Josefin Illergård.

Och vem vet, inom en inte alltför avlägsen framtid kommer vi kanske att kunna beundra utsikten genom en fönsterruta av trä, höra mjölkförpackningen berätta att utgångsdatumet närmar sig och ta hissen upp till 18:e våningen i ett hus byggt av trä.

Nanocellulosa utvinns ur trä- och växtfibrer. Dess exceptionella styrkeegenskaper är jämförbart med kevlar, men kevlar och liknande material är baserade på fossila råvaror. Nanocellulosa är helt förnybart och träet kommer att kunna användas i solceller och paneler.

Transparent trä kan fungera som lastbärande strukturer i byggnader.

Framtiden växer på träd[13]

På KTH har forskare utvecklat nya processer för tillverkning av nanocellulosa. Träfibrerna plockas isär i sina minsta beståndsdelar och sedan sätts ihop igen till nya material med egenskaper som lämpar sig för många användningsområden.

Man har märkt att konsumenternas efterfrågan på biobaserade material ökar och man letar för fullt efter en lämplig matchning för deras material. Det finns många olika typer av nanocellulosa, så frågan är var deras material passar bäst och kan göra störst nytta.

Forskningen vid Wallenberg Wood Science Center, WWSC sker i samarbete med Chalmers tekniska högskola och finansieras av Knut och Alice Wallenbergs Stiftelse.

Forskningen fokuserar på att utveckla nya material från den svenska skogen som komplement till den traditionella användningen där skogen blir till virke och papper.

Människor från jordens alla hörn har visat intresse och inte minst arkitekter har varit väldigt nyfikna eftersom det här är ett material som öppnar upp för nya möjligheter vid husbyggande. I framtiden kommer träet att kunna användas i solceller och paneler.

Man vill sprida kunskapen om skogen som en råvarukälla för en mängd olika produkter.

Några siffror

- Sveriges totala landareal är 40,8 miljoner hektar, varav den totala skogsmarksarealen är drygt 28 miljoner hektar, alltså 69 procent av landarealen.
- Av den produktiva skogsmarkens totala årliga tillväxt på dryga 120 miljoner m^3sk för närvarande avverkas drygt 90 miljoner m^3sk för att omvandlas till massa och papper, sågade trävaror, skivor och energi.
- Antalet anställda inom skogsnäringen är sysselsatta i

glesbygden, vilket bidrar till att landsbygden hålls levande.

Vedens sammansättning

	Barrved, %		Lövved, %		Jordbruks-grödor %	
	Gran	Furu	Björk	Asp	Ham-pa	Ba-gass
Cellulosa	44	44	45	50	44	44
Lignin	27	28	23	23	25	22
Xylan	9	8	26	20	29	28
Glukomanan	19	18	3	4	2	2
Extraktivämnen	1	2	3	2	1	5

När man studerar olika träds kemiska sammansättning framgår det var man kan söka olika substanser ur olika träslag. Noterbart är att cellulosan är *"intecknad"* av massa- och pappersindustrin[14].

Skogsnäringen står alltså inför möjligheten att bli en än mer högteknologisk industri som utvecklar och tillverkar de mest avancerade materialen. Detta innebär att man måste bygga upp en hög kompetens och få större insikter om trädets beståndsdelar och användningsområden. Branschens forskningsverksamhet är inriktat på nya material och produkter tillverkade av cellulosa och andra förnybara råvaror.

Hur ser vedens beståndsdelar ut, hur håller de ihop och hur beter de sig? I vilken typ av produkt eller applikationsområde gör materialet mest nytta. Tillverkningsprocessen och formning av materialet är viktiga moment för det nya materialet.

Marknaden för papper och andra skogsbaserade produkter är under kraftig förändring. Trädets byggstenar har unika möjligheter. Dessa har potential att bli den grundläggande komponenten i förnyelsebara högförädlade produkter.

NYA CELLULOSAPRODUKTER

Exempel på nya cellulosaprodukter ur veden

Trädets byggstenar har unika möjligheter. Dessa har potential att bli den grundläggande komponenten i förnyelsebara högförädlade produkter så som

- Lättviktsmaterial.
- Avancerade byggkomponenter.
- Starka kompositmaterial till fordon.
- Nya typer av batterier.
- Byggmaterial som genomskinligt trä.
- Textilier.
- Transplantat inom medicinen.
- En ny generation av förpackningar.

Samsung och LG har visat skärmar som kan böjas och vridas men ändå fortsätta visa bilden. Utvecklingen av bildskärmar av papper är nu nästan 20 år gammal[15].

Man använder ledande bläck och har förvandlat vanligt fotopapper till en bildskärm.

Än så länge kan inte skärmarna av papper jämföras med vanliga datorskärmar eller teveapparater. De är inte lika snabba och har inte samma upplösning som vanliga bildskärmar. Konkurrensfördelen är pris, storlek och strömsnålhet.

De första tillämpningarna blir troligen reklamtavlor och löpsedlar.

- *En skärm i A3-format som kan användas som löpsedel kan komma att kosta några tiotal kronor. Den kommer inte att vara något att visa video på men i gengäld får den minnestid på tiotals minuter, kanske upp till ett par timmar,* säger Magnus Berggren, som leder utvecklingsarbetet på Acreo och Linköpings universitet.

Nanocellulosa

Nanocellulosa kan kallas supermaterial som kan användas som

- Förstärkningsmedel i papper
- Konsistensgivare i kosmetika och livsmedel
- För sårläkning
- Till att göra papper som leder energi?

...bland annat[16].

Nanocellulosa utvinns ur trä- och växtfibrer, har exceptionella styrkeegenskaper i klass med kevlar, och är i motsats till kevlar och andra material baserade på fossila råvaror är nanocellulosa helt förnybart. Nanocellulosa har seglat upp på topplistan bland intressanta biobaserade material.

Nanocellulosa används redan i dag i kommersiellt tillämpningar på många olika ställen i världen och finns numera i flertalet produkter på marknaden exempelvis i vätskekartong, bläck i pennor, blöjor och i kosmetika.

Starkare än spindeltråd

Forskare vid RISE och KTH försöker spinna trådar av nanocellulosa, vilket ger en fiber som till och med är styvare och starkare än spindeltråd, som anses vara naturens starkaste material.

Från processutveckling till industriell miljö

Nanocellulosa kan framställas av fibrillär nanocellulosa, MFC/NFC, och kristallin nanocellulosa, CNC. Man prövar också bakteriell nanocellulosa, vilket produceras med hjälp av bakterier i bioreaktorer.

Processutvecklingen på RISE har resulterat i nya förbehandlingsmetoder av fibermassa som minskade energiåtgången med upp till 98 procent. En pilotanläggning har byggts hos RISE i Stockholm för att kunna producera nanocellulosa. RISE har även en transportabel demonstrationsfabrik för tester och tillverkning i direkt anslutning till olika pappersbruk.

Nanocellulosa - processer och material

Forskning och teknisk utvecklings kan bidra till att minimera kostnader och miljöpåverkan, maximera volym och kvalitet genom produktionseffektivitet och lönsamhet.

Användningsalternativen för nanocellulosa ökar och utvecklingen av nya applikationer accelererar. Mycket återstår på grund av osäkerhet om det bästa utgångsmaterialet, förbehandlingsprocedurer, avvattningsmekanismer och bearbetning av nanocellulosa i olika material.

Textilcellulosa

Framtidens kläder ...

... är ett närodlat plagg där de nya fibrerna kommer från svensk skogsråvara/cellulosa.

... består av återvunnen textil, ingen olja – bara skog!

Cellulosaindustrin specialcellulosa används främst till viskostyger. Tillverkningen av viskostyger (även kallat rayontyger) utgår från specialcellulosa. Denna utveckling startade redan under andra världskriget som en ersättning för bomullsfibrer.

Aktivering med enzymer eller syrgas minskar behovet av kemikalier med hela 30 procent vid viskostillverkning visar ett forskningsprojekt vid Karlstads universitet. När man framställer viskosprodukter används normalt koldisulfid, ett ämne som är miljöfarligt och mycket brandfarligt. Nu har forskare vid Karlstads universitet lagt till ett enzymsteg i tillverkningen av viskos. Då minskas användningen av koldisulfid och tillverkningen blir också mindre brandfarlig.

- *När man tillverkar viskos kan man använda syrgas för att öka reaktiviteten eller utnyttja cellulosaattackerande enzymer för att minska koldisulfidbehovet,* säger professor Ulf Germgård vid Karlstads universitet som är projektledare för viskosprojektet

Bambutyg är inget nytt tyg, och detta har många goda egenskaper. Bambufibrer är extremt mjuka, allergivänliga och antibakteriella, vilket betyder att oönskade dofter och svettfläckar minskar. Nya material och plagg kan tillverkas av nya tyger baserade på skogsråvara, återvunna PET-flaskor eller till och med stål[17].

Miljömedvetet mode har hög prioritet och det sker ett ökat samarbete mellan skogs- och kemiindustrin. Detta skapar möjligheter och ger modeindustrin tillgång till nya spännande biobaserade material. Samtidigt kan *smart textiler* ge nya grupper ett bättre liv. Återvinning av textilier kan ge ett antal nya spännande material.

Några alternativa produkter

- **Lyocell** säljs ibland under handelsnamnet Tencell. Lyocell tillverkas av cellulosa, men tillverkningen sker på ett miljövänligare sätt än för regenatfibrerna viskos och modal.
- **Modalfiber** är närbesläktad med viskos. Den tekniska definitionen för modal är att den i vått tillstånd ska tåla en belastning på 0,22 N, varvid töjningen inte får överstiga 15 %.

Den svenska skogen kan bli tyg och kläder. Det kan handla om nära en halv miljon ton textilmassa. Cellulosaark skickas vidare till främst Asien och den globala textilindustrin[18].

Det finns ett ökat behov av textilier. Den hittills dominerade råvaran har varit bomull.

Sammanställning av olika materialens för- och nackdelar.

	Vattenanvändning	Bekämpningsmedel	Gödning	Försuring	Farliga kemikalier	Avkastning
Bomull	Stor, 7-29 m^3 per kg fiber	Ja, 4 kg per ha	Ja	Ja	Ja	1-1,3 ton per ha
Ekologisk bomull	Stor 7-29 m^3 per kg fiber	Nej	Nej	Nej	Nej	0,5-0,9 ton per ha
Hampa	Måttlig mängd, 1 m^3 per kg fiber	Nej	Nej	Ja, om vattnet inte renas	Mycket lite	1,31-3,50 ton per ha
Lyocell	Liten mängd, 0,1 m^3per kg fiber	Beroende på odling	Beroende på odling	Om de slutna systemen inte fungerar	Mycket lite, slutet system	1,5-6.0 ton per ha
Modal	Liten mängd, 0,1 m^3 per kg fiber	Beroende på odling	Beroende på odling	Ja	Ja	1,5-6,0 ton per ha
Bambu	Måttlig mängd, ej konstbevattning	Mycket lite	Nej	Ja	Ja	8 ggr mer än bomull

Samtidigt ökar behovet av odlingsbar åkerareal för att producera mat till en ökande befolkning.

Polyester är ett alternativ men innehåller en polymer som tillverkas med fossil råvara. Visserligen kommer endast en liten del ut av det som är bundet i polymeren, ut eftersom förbränningen av textilier inte är så stor[19].

Två svenska massabruk - Domsjö fabriker i Örnsköldsvik och på Södra Cell Mörrum i Karlshamn - ökar kapaciteten för varje år av textilmassa.

Mörrum har två produktionslinjer som löper parallellt – en för pappersmassa och en för textilmassa, eller dissolving-cellulosa, som det kallas inom industrin.

I Örnsköldsvik har man helt gått över till produktion av dissolvingcellulosa. Det indiska textilkonglomeratet Aditya Birla köpte anläggningen 2011. Fabriken levererar till Birlas textilföretag främst i Indien och Kina.

En mindre produkt är filament, där de upplösta cellulosaarken spinns direkt till tråd.

Disolvingmassan från Domsjö blir också korvskinn och mikrokristallin cellulosa, MCC, som används som bindemedel och förtjockningsmedel i livsmedel eller som utfyllnad i medicintabletter.

Smart klädd i 100 procent svenskt papper[20]

- *En av de stora utmaningarna i framställandet av ett papperstyg har varit att sticka i pappersgarn istället för att väva, eftersom papper är ett relativt stumt material*, säger Lena-Marie Jensen, arbetsledare för Design for recycling, vid Högskolan i Borås.

Det oblekta pappret har vid det textila klustret i Sjuhäradsbygden spunnits till tråd hos Svenskt Konstsilke, för att sedan förvandlas till tyg i stickmaskiner på Textilhögskolan i Borås.

- *Textil av papper finns idag, men det unika med det här projektet är att man har tittat på möjligheterna till återvinning och att man utmanar befintliga produktions- och återvinningstekniker för att åstadkomma ett cirkulärt flöde,* säger Lena-Marie Jensen.

Vi måste ständigt undersöka alternativ till bomull och syntetfibrer för att få mer resurseffektiva fibrer, men också hur val i designprocessen påverkar produktens miljöprestanda, menar hon.

Kemiska processer gör gamla kläder till nya

I takt med att medvetandet om bomullsodlingens miljöeffekter ökat, har intresset för återvinning av textila material stigit. Tillgången på bomull har snart nått taket samtidigt som befolkningen ökar och därmed ökande efterfrågan. Bomull kräver mycket vatten och bekämpningsmedel för att växa, samtidigt som det oftast odlas i områden med begränsad tillgång till vatten[21].

Forskning och utveckling kring kemiska processer för att återvinna kläder och skapa nya hållbara textilier har tagit fart. Vi måste återvinna mer kläder och ta fram miljövänligare material.

- *Vi har inte råd att odla så mycket bomull som vi gör idag. Ganska snart är vi många fler människor i världen som ska få mat, och bomull upptar bra odlingsyta,* säger Lotta Ahlvar, vd på Moderådet.

Modebranschen letar efter nya sätt att ta fram alternativa material med bomullsliknande egenskaper. Kläder av viskos och bambu finns redan på marknaden, men de når sällan upp till samma kvalitet.

Tyvärr har man inte ännu genom återvinning kunnat skapa nya bomullskläder med samma kvalitet utan att blanda med andra material. Ett problem är att bomullsfibrerna förlorar sin kvalitet när vi använder, sliter och tvättar kläder.

Vad kan jag göra?

- Välj ekologisk bomull, den odlas utan kemiska bekämpningsmedel och konstgödsel.
- Välj andra fibrer. Det finns material som produceras på ett sätt som är bättre för miljön och inte kräver lika mycket vatten. Exempelvis hampa, ull och lyocell.
- Leta efter miljömärkningar.
- Köp second hand. Secondhandplagg är använda och tvättade så de kemikalier som fanns i textilen är till stor del borta. Dessutom minskar miljöpåverkan i och med att det inte behöver produceras en ny produkt till dig.
- Tvätta alltid nya kläder och textiler innan du använder dem[22].

Shoppingresor bakom stor del av svenskarnas klimatutsläpp

Utanför våra städer växer köpcentra upp. Naturligtvis ligger de vid de stora trafiklederna. Samtidigt avfolkas städernas centrala delar och konsumenten förutsätts ha bil[23].

Våra resor till köpcentra blir av en så stor omfattning att vi måste räkna in dessa som viktiga faktorer om vi vill minska miljöbelastning. Svenskarnas klädinköp ger den fjärde största andelen av landets koldioxidutsläpp – efter *bilen, biffen och bostaden*, alltså våra transporter, vår mat och vårt boende.

Sandra Roos (Industridoktorand, Miljösystemanalys vid Chalmers) har i sin doktorsavhandling tagit ett helhetsgrepp på textilers livscykel[24].

- *För dig som vill vara maximalt miljövänlig är det bara en enda sak du behöver komma ihåg. Använd dina plagg tills de är utslitna. Det är viktigare än alla andra aspekter, till exempel hur och var kläderna är tillverkade och vilket material de är gjorda av.*

Sandra Roos har ett tips till genomsnittskonsumenten som vill ta miljöhänsyn.

- *Tänk på hur du tar dig till klädbutiken. När det gäller klimatpåverkan är det den faktor som är lättast för konsumenten att påverka, som samtidigt har stor effekt.*

Av klädernas livscykel kan vi som konsumenter påverka 25 procent av utsläppen.

- Produktion 70 %
- Kundens transporter 22 %
- Distribution 4 %
- Tvätt och tork 3 %

Hur miljövänligt är det då med e-handel i en jämförelse?

- *Generellt är det ett väldigt bra alternativ,* säger Sandra Roos, *men bara om det inte leder till att man köper kläder som man gillar mindre och därmed använder mindre, eller returnerar många plagg.*
- *Hos de största e-handelsföretagen är det inte självklart att returnerade kläder går ut till försäljning igen.*

Sandra Roos har valt textilier som objekt för en analys. Andra produkter ger kanske andra resultat, men i huvuddragen är de säkert likartat.

Den stora miljöbelastningen kommer naturligtvis från bomullsodlingen och -hanteringen. En annan av hennes slutsatser var mer oväntad.

- *De allra flesta miljöindex baseras idag på vilken typ av tygfiber som använts; ull, nylon, polyester eller bomull. Men det är inte där den stora miljöpåverkan ligger, utan i alla efterprocesserna: spinning, vävning, stickning och framförallt i färgningen – den våta beredningen. Alla kemikalier som används där gör den faktiskt lika farlig som bomullsodling.*
- *Tyger som tillverkas av cellulosa från träd och växter är ett viktigt spår inom forskningen och utvecklingen för att sluta kretsloppet så att textilindustrin blir hållbar. Viskos, modal och lyocell/tencel är exempel på*

sådana tyger som finns redan idag och som ofta har bra miljöprestanda.

Några andra noteringar:

- Att tvätta vid låga temperaturer är inte viktigt ur miljösynpunkt, eftersom den extra uppvärmningen av vatten står för en väldigt liten andel av energiförbrukningen i klädernas livscykel.
- Man förlorar hela miljövinsten om man tvättar i 30 grader och bara kan använda plagget en gång innan det är dags för tvätt igen, jämfört med om man hade kunnat använda plagget två gånger om man hade tvättat det helt rent i 60 grader.
- Varje tvätt sliter på plagget och förkortar dess livslängd.
- Torktumling sliter ännu mer på plagget, och förbrukar fem gånger mer energi än tvätten. Men klimatpåverkan är totalt mycket mindre av själva tvättningen och torkningen än av kundernas köpresor i Sverige.
- Blekning är inte längre någon miljöbov inom industrin tack vare utvecklade metoder. Till och med att själv bleka fläckar på vita plagg med klorin är bättre än att slänga ett plagg bara för att det är fläckigt, och köpa ett nytt.

Några noteringar:

- De flesta plagg används några få gånger.
- En väldigt liten andel av kläderna används 100 till 200 gånger.
- Vi svenskar köper i genomsnitt 50 nya plagg varje år.
- Betydelsefullt hur kläderna är producerade.

Framtidens textilier

Skogsindustrin ser möjligheter att tillverka textilfibrer i sina maskiner. Svensk skogsindustri har tagit fram en strategisk forsknings- och innovationsagenda för att kunna öka produktionen av träfibrer till textilier. Bland de nya produkter som kan komma att utvecklas finns till exempel non-woven och textila material gjorda i pappersmaskiner.

Exempel på bomullsodlingens negativa konsekvenser

Bomullsproduktion leder alltför ofta till ett ohämmat utnyttjande av vattenresurser och mark som påverkar både människor och de naturliga ekosystemen på flera sätt:

- Bekämpningsmedel från åkrar och föroreningar från fabriker förgiftar kringliggande områden och vatten nedströms.
- Vattenanvändning som bidrar till brist på grund- och ytvatten.
- Utarmning av biodiversitet och förlust av naturliga ekosystem och dess funktioner.

- Illamående, sjukdomar och dödlighet hos jordbrukare och arbetare som exponerats för kemikalier.
- Skuldsatta jordbrukare, vilket bl.a. resulterar i barnarbete och social marginalisering.
- Undermåliga arbetsförhållanden i sektorn för klädtillverkning.

Smart Textiles i Högskolan i Borås arbetar i huvudsak inom tre fokusområden

- Hälsa och Medicin
- Hållbar Textil
- Arkitektur och interiör

Kanske på din kropp framöver

Några framtidsscenarier[25]:

- Traditionella textilier som framställs genom genteknik, utan traditionell odling.
- Läder som odlas fram i laboratorier via animaliska celler så att djur slipper dö.
- Material som inte är textilier utan i stället består av exempelvis bakterier eller svampmycel.
- Textilier som integreras med digital teknologi för att kunna kopplas ihop med till exempel dator, telefon eller läsplatta.
- Kläder som håller koll på vår hälsa och till och med matar kroppen med ämnen som är bra för den.

- Kläder som genom robotteknik anpassar sig efter dina behov, till exempel genom att ändra på texturen eller anpassa passformen så att den blir tajtare eller lösare.
- Kläder med ett *sjätte sinne* som anpassar sig till miljön du befinner dig i.

Framtidens tyg är svenskt, smart och snällt

Säg adjö till miljöboven bomull. Ett alternativ till den miljöbelastande bomullen kan vara textilier av främst polyeten, alltså oljebaserad produktion. Men detta är en fossil råvara!

Vi behöver lära oss att både återvinna kläder och att producera hållbara textilfiber. Skogsindustrin har ett utbyggt system för insamling och återvinning av papper. Returpapper blir nya pappersprodukter. På samma sätt borde återvinning av textilmaterial samlas in och återvinnas. Det finns redan textilier av miljövänlig viskos, som tillverkas i Österrike, men produktionen är långt mindre än efterfrågan. Återvinning av textilier är dock en utmaning, men en utmaning som är nödvändig[26].

Olika fiberråvaror[27]

Bambu

Att framställa tyg från bambumassa till tyg är en process

som liknar metoden för viskosframställning. Ungefär 5,5 kilo trämassa åtgår till ett kilo tyg. Det giftiga ämnet koldisulfid används och ger en mjuk trämassan. Koldisulfiden kan ge nedsatt fortplantningsförmåga och fosterskador, och påverkar främst dem som jobbar med framställningen.

Man kan också använda en lyocellprocess, vilket använder skonsammare lösningsmedel och att kemikalierna som används ingår i ett slutet system.

Hampa

Hampa liknar linne och är starkare än bomull. Hampa är helt biologiskt nedbrytbar, kräver varken bekämpningsmedel eller konstgödsel för att växa och minskar jorderosion genom att binda jorden med sina långa rötter.

Lyocell

Lyocell är en relativt ny fiber som är stark och tvättålig. Man använder gran eller andra träd och används i en mer miljövänlig variant än vid viskosframställning. Lösningsmedlet är mer skonsamt och kemikalierna används i ett slutet system. Lyocell går ofta under varumärket Tencel.

Viskos

Viskos har funnits en längre tid och ger ett mjukt material som andas och håller färgen bra. Viskos liknar bomull och görs av cellulosa från gran, björk eller andra träd. Vid tillverkningen används kemikalier - bland annat koldisulfid – som kan skada och förstöra naturen. Även i vävningen behövs mycket kemikalier och stora mängder vatten.

Bakterier tar hand om färgresterna

Hampa och bambu är bättre än bomull ur miljösynpunkt men där behövs kemikalier för att göra tyget mjukt och utsläpp från färgningen förstör många vattendrag. Man har dock utvecklat en teknik för att bryta ner färgresterna från textilindustrin. Genom att använda flis från skogen som substrat i mikrobiologiska filter där mikroorganismer med speciella enzymer bryter ner resterna från färgningen.

Södra möjliggör återvinning av textil i stor skala[28]

Det är svårt att återvinna fiber från sk. blandmaterial. Södra har nu en unik lösning som möjliggör cirkulära flöden inom mode- och textilbranschen.

- *I dag återvinns en försvinnande liten andel av världsproduktionen av kläder och textilier. I princip allt går till förbränning eller deponi. Men tack vare svensk innovationskraft och en vilja att bidra till den nödvändiga klimatomställningen kan spelplanen nu börja förändras på global nivå,* säger Lars Idermark, VD och koncernchef för Södra.

I Södras nya teknik kan blandningen av bomull och polyester separeras.

Södras massabruk i Mörrum producerar massa med inblandning av kasserade textilier.

- *Vi kommer inte bara att kunna ta emot blandningar av bomull och polyester utan även viskos och lyocell. Teknikskiftet i våra processer gör att vi kommer att behöva stora mängder textilier. Samtidigt har vi offensiva hållbarhetsmål inom Södra. Vi söker därför efter företag med starka ambitioner kring hållbarhet, som vill samarbeta med oss och leverera textilier. Det kommer att avgöra såväl vår uppstart som framtida produktionskapacitet,* säger Helena Claesson, projektledare, Södra.

Produktionen kommer att starta på en låg nivå om 30 ton under innevarande år. Men målsättningen på sikt är att komma upp i 25 000 ton textilier för inblandning i massatillverkningen.

Specialcellulosa

Man kan tillverka olika specialprodukter genom modifiering av massaprocessen. Denna specialprodukt är renare (>98 % cellulosa) än dissolvingmassan. Massan förhydrolyseras varefter den följs av sodakokning och syrgasblekning.

Power Paper

Power Papers teknik innebär ett papperstunt, miljövänligt, säkert, elastiskt och flexibelt batteri. Tekniken kan anpassas för att passa storlek, tjocklek och formfaktorer som krävs för att utforma en produkt. Power Paper används i läkemedelsapplikationer, konsumentelektronik och RFID-taggar.

Batteri av alger och papper[29]

För cirka tio år sedan gjordes det ett batteri av algcellulosa. Nu finns tekniken för att göra ett batteri baserat på cellulosa från träd.

Man försöker utveckla energilagring i fiberstrukturer genom att ytbehandla cellulosa från träfibrer med elektriskt ledande polymerer.

Ett böjbart batteriet kan bli en viktig komponent i framtikan, som kan kombineras med smarta och hållbara förpackningar och papper. Med sensorer skulle den kunna ge oss information om sådant som en produkts temperatur eller en varas position i realtid. Förpackningarna är återvinningsbara i sin helhet.

Mikrokristallin cellulosa[30]

Mikrokristallin cellulosa framställs från syrabehandlad cellulosa eller bomull. Används som förtjockning- och stabilisering och är tillåtna till de flesta livsmedel som får innehålla tillsatser.

Nytt cellulosamaterial[31]
Fortum kombinerar återvunnen plast med cellulosafibrer för att skapa ett nytt material, Fortum Circo PP CF.

Materialet kan användas som traditionell PP och passar för formsprutning eller 3D-printning. Fortum startar också Fortum Circo Lab som ska hjälpa tillverkare att anpassa sina processer för maximalt användande av återvunnet material.

Pappersförpackningar

Torrformade pappersförpackningar

På mindre än en sekund kan man forma en stark och stabil pappersprodukt.

Genom isostatisk formpressning kan man forma nästan vilken produkt som helst. Massan blev stenhård. Tekniken är användbar för alltifrån stora förpackningsföretag och legotillverkare till små varumärkesägare som vill ha egen kontroll över hela sin produktion.

I en torr process behöver man inte tillsätta vatten igen. Formningsprocessen gör att vi kan tillverka saker som i plast men i papper.

Exempel på produkter som där denna teknik används är engångsförpackningar av plast eller papper, till exempel vikta pommes fritesstråg.

Nya förpackningar av cellulosa[32]
Man försöker ersätta plast med träråvaror och även skapa temperaturisolerade material av cellulosa, som bland annat kan användas vid fisktransporter.

Med PlastiCel hoppas forskare att kunna utveckla nanocellulosa- och cellulosakompositer med barriär och isolerande egenskaper. Tänkbara användningsområden för att utveckla en biobaserad förpackning skulle exempelvis kunna vara fisklådor, som ställer höga krav på både temperaturhållande egenskaper, fukt och luft. I dag tillverkas fisklådor vanligen av plast.

- *För att reducera de stora mängder av plastavfall som hamnar i världshaven är det viktigt att byta ut plast i alla applikationer där det är möjligt,* säger Malin Brodin, projektansvarig vid RISE PFI, i ett pressmeddelande.

Cellulosa är biologiskt nedbrytbart gör den till en miljövänlig alternativ råvara till plastfilm och isolerande skum som används i emballage.

Cellulosasvamp

Cellulosasvampen är slitstark och har extremt hög vattenupptagningsförmåga. Vattnet stannar i svampen tills den kramas ur. Detta gör den till den optimala svampen för t.ex. plattsättning, måleri, tapetsering och vardaglig rengöring.

- Håller vätska upp till 25 gånger sin egen vikt.
- Upp till 35 gånger snabbare uppsugning än en plastsvamp.
- Håller vätskan tills den kramas ur.
- Stark, elastisk och hållbar.
- Naturligt nedbrytbar.
- Tvättbar i disk- eller tvättmaskin (60°).

Den komprimerade cellulosasvampen expanderar i vatten och tar därför betydligt mindre plats i torrt tillstånd än den traditionella svampen. I sin ursprungliga form är den komprimerade svampen endast 8 mm tjock. Efter att svampen doppats i vatten expanderar den och kan användas som vanligt. Komprimerad svamp sparar både plats och logistikkostnader!

NYA LIGNINPRODUKTER

Lignin i siffror

- Lignin står för över hälften av totala energiinnehållet i ett träd.

- Året 2021 förväntas Sveriges första ligninanläggning för biodrivmedel vara färdig vid Rottneros massabruk i Vallvik i Söderhamn.
- Lignolprodukter samägs av Preem och RenFuel. De vill starta fler ligninanläggningar utöver den i Vallvik.

Användningsområden för lignin

Lignin har många olika tillämpningar inom en mängd olika industrier, bland annat fordon, byggnation, beläggningar, plast och läkemedel. Förädlat lignin kan ersätta petroleumbaserade fenoler som används i hartser i plywood, OSB, fanerlaminat, papperslaminat och isoleringsmaterial. Andra framtida tillämpningsområden skulle kunna omfatta kolfibrer och kol för energilagring.

Sverige behöver inte se längre än till den svenska skogen för att finna en råvara för framtidens drivmedel.

Lignin skulle kunna täcka Sveriges behov av förnybara drivmedel[33].

- *Det kan till och med bli en betydande exportprodukt,* säger kemiprofessorn Joseph Samec.

Varje år frigörs 6,6 miljoner ton lignin vid tillverkning av papper. Upp till 80 procent av detta skulle kunna användas för drivmedelsproduktion. Dessutom kan lignin bli exportprodukt

Dessutom finns möjlighet att utvinna lignin från andra skogsrester, till exempel från en stor del av de grenar, toppar och rötter som idag lämnas kvar i skogen efter avverkning.

Forskare kallar lignin för en riktig drömmolekyl, som fungerar för att göra biobensin, biojetbränsle och biodiesel.

I ett första steg görs lignin flytande. Sedan kommer ett steg som kallas katalys. Därefter hugger man upp molekylen i olika bitar för att sätta ihop dem på önskat sätt och på så vis få bensin, diesel eller biojetbränsle.

Det här är lignin

Lignin är trädets vedämne och kittet som håller samman trädets celler

- Lignin har naturligt en fast form
- Vid tillverkning av papper kokar massabruken bort ligninet. Det finns kvar i avkoket, den så kallade svartluten
- Teknik finns för att utvinna lignin ur svartlut och omvandla ligninet till flytande ligninolja

- Det finns även möjlighet att utvinna lignin från andra skogsrester

Lignin har länge betraktats som en restprodukt. I sulfatprocessen bränns den utlösta vedsubstansen – i huvudsak lignin – och dess energiinnehåll används i kokprocessen[34].

Vid Högskolan i Borås studerar några forskare olika metoder för att separera och rena ligninet till bättre ändamål än att elda upp det.

Genom att se komplexiteten och värdet i ämnets olika egenskaper kan ligninet omvandlas det till olika värdefulla produkter som exempelvis kolfiber, bioolja och vanillin.

Man försöker även ta tillvara på restprodukter från jordbruket, halm i det här fallet, som ju finns i stora mängder i Sverige, likaväl som i andra länder i Europa.

Produkter från lignin:

- Biobränslen
- Bil- och flygplanskomponenter
- Vindturbinkomponenter
- Biobaserade kemikalier, lim
- Hartser för byggnadsindustrin

Utvinning av lignin från massabruket

Svartlut från barrved innehåller ca 600 kg lignin per ton producerad massa och för björkvedskokning är mängden ca 470 kg lignin per ton.

Man använder LignoBoost-processen som utvecklats av Chalmers och Innventia. Metoden är baserad på utfällning av lignin ur svartlut med koldioxid. Belastningen på sodapannan minskar vilket ökar produktionskapacitet i massafabriken när sodapannan är en flaskhals[35].

Sunila bruk i Kotka i södra Finland producerar barrvedsmassa, lignin, tallolja och terpentin.

Stora Enso´s Sunila-fabrik nära Kotka i Finland med uppstart i början av 2015 har en kapacitet på 50 000 ton lignin/år. Ligninet används till att börja med som biobränsle. Stora Enso ser ligninet som ersättning för fenol i lim för plywood och spånskivor och som ersättning för polyoler i skummaterial. Investeringskostnaden för ligninutvinning är måttlig; den största posten är pressen för avvattning av ligninet.

Lignin från etanoltillverkning

Vid tillverkning av etanol ur en vedråvara frigörs en viss mängd lignin beroende på råvaran. Om råvaran hydrolyseras bildar ligninet en ligninhaltig restprodukt. Detta steg ger en svåravvattnad produkt. Etanol framställs för närvarande inte med ved som råvara. Däremot kam man skilja ut lignin från exv. halm.

Ligninprodukter[36]

En beräkning visar att lignin kan klara bränslebehovet för svenskt inrikesflyg.

Men lignin kan också användas i till exempel batterier, inredning i bilar eller fuktskyddet mellan mjölken och kartongen.

Mycket av ligninets egenskaper är känt sedan länge, men konkurrensen från billig olja gjorde att lignin för många år sedan fick ta ett steg tillbaka. Med avsikten att minska vårt beroende av fossila ämnen kan lignin bli intressant igen.

Det nyväckta intresset för att minska fossilberoendet har medfört att intresset för lignin från svartlut. Det finns många utvecklingsprojekt baserade på svartlut, vilket kan medföra en framtida konkurrens.

Användningsområden:

- Plywood- och fiberskivor har hittills haft fenolformaldehydbaserade bindemedel. Det fossila limmet ersätts redan nu av lignin som ingrediens i lim.

- Mycket händer på bioplastsidan för att komma bort från mikroplaster och annat som tar lång tid att brytas ner.
- Spinna en tråd av lignin, karboniserar den och får den stark nog att ingå i en komposit som kan användas i delar i bilen för att spara vikt. Minskad vikt innebär lägre bränsleförbrukning.
- Kolfiber av lignin blir inte lika starkt som kolfibern vi i dag känner, men instrumentpaneler med kolfiber av lignin skulle minska beroendet av fossila ämnen, vilket är syftet.
- I superkondensatorer (snabb ur- och uppladdning) och bränsleceller med behov av att hitta bättre material har lignin också en framtid.

Endast två stora fabriker, i Finland och USA, har installerad ligninproduktion.

De flesta massabruken har i dag ett energiöverskott och levererar till elnätet i form av grön el och fjärrvärme. Man kan alltså plocka ut mer lignin och ändå klara fabrikens energibehov.

Inom flygplansindustrin talar man om flygbränsle, biojet. Tillgången på lignin ur skogsråvara är begränsad, men man kommer även att se bilar köras på lignin[37]

.

Kuriosa

Göteborgsoperan har fått använda lignin till en peruk där de gjorde en story kring den här biobaserade fibern.

Biobränsle

Lignin är ett biobränsle med högt energiinnehåll ca 27 MJ/kg TS att jämföra med 19 MJ/kg TS för vanliga biobränslen. En annan fördel jämfört med träbränsle är att lignin är vattenfrånstötande vilket underlättar lagring och transport.

Pyrolysolja

Sågspån omvandlas till pyrolysolja, som blandas in i fossil olja vid Preems raffinari i Lysekil. Anläggningen ska byggas vid Setra Kastet sågverk i Gävle[38].

Man ska producera fossilfri pyrolysolja från sågspån, som finns som en restprodukt i sågverket. Denna ska sedan användas i Preems produktion av drivmedel.

Bolaget heter Pyrocell, och ägs gemensamt av Preem och Setra.

- *Den ersätter fossil olja genom inblandning på raffinaderiet i Lysekil*, säger Pontus Friberg, ordförande i Pyrocell AB.

Pyrocell Kastet blir Sveriges första anläggning.

Man har miljötillstånd att producera 32 000 ton pyrolysolja per år, men initialt räknar man med en årsproduktion på 25 000 ton vilket motsvarar ungefär 15 000 personbilars årliga bränsleförbrukning.

De olika processtegen:

1. Sågspånet sållas, och de grövsta fraktionerna sorteras bort.
2. Därefter torkas spånet i en bandtork till cirka fem procents fukthalt, och leds via ett mellanlager till pyrolysreaktorn.
3. Spånet hettas upp till ungefär 500 grader utan tillgång till syre, varvid en pyrolysgas bildas.
4. Den icke-flyktiga koksen avskiljs ur pyrolysgasen och förbränns i en förbränningskammare.
5. Rökgaserna från förbränningen nyttjas för produktion av ånga.
6. Ångan används delvis för att förvärma luften till spåntorken. Överskottet leds till sågverket för att användas i virkestorkarna. Rökgaserna renas därefter i en stoftavskiljare, innan de leds vidare till skorstenen.

7. Pyrolysgasen leds till en kondensor, där den kyls till bioolja (pyrolysolja).
8. Denna renas innan den pumpas vidare till lagertanken, medan de icke-kondenserbara gaserna förbränns tillsammans med koksen i förbränningskammaren.

Sverige importerar cirka 85 procent av de nästan två miljoner kubikmeter biodrivmedel som säljs i landet varje år. Bara ungefär 15 procent produceras i landet.

Pyrolysolja är en mörkbrun vätska med lågt pH-värde. Den är varken klassad som brand- eller miljöfarlig.

Pyrolysoljan kan ersätta fossil olja i värmepannor i energibranschen eller inom industrin. Pyrolysoljan kan också användas som råvara i kemikalietillverkning.

Ligninolja

Under de senaste åren har företaget SunCarbon utvecklat en helt ny teknik som separerar lignin ur massabrukens svartlut. Den vidareförädlas till en ligninrik olja vilken bl.a. kan användas i biodrivmedel. Lignin är därmed en av flera lösningar som kan bidra till att fasa ut olika fossila produkter och minska samhällets klimatpåverkan[39].

Bindemedel i bränslepellets

Vid tillverkning av bränslepellets utnyttjar man ligninets bindande egenskaper. Sågspån pressas ihop under extremt högt tryck, varpå ligninet håller ihop spånen till stavformade pellets. Det gäller att använda rätt tryck, rätt temperatur och rätt fuktighet till en viss råvara för att få ligninet att hålla ihop spånen från tillverkning genom hanteringen ända fram till brännaren. Vid brister i tillverkningen förmår inte ligninet att hålla ihop spånen och man riskerar problem i bränslematning eller förbränning[40].

Vägbeläggning

Bindemedlet i asfalt är det oljebaserade ämnet bitumen. Försök görs att ersätta biumen helt eller delvis. I dag används bioolja i stället, vilket sänker den totala koldioxidutsläpp med 61 procent. Bioolja är förnybar olja framställd ur biomassa. Biooljorna är restprodukter och består uteslutande av vegetabiliska råvaror från växtriket i olika former. Redan här görs en insats för att minska koldioxidutsläppen[41].

Asfalten som innehåller lignin står också emot sol och regn lika bra som vanlig asfalt.

NYA HEMICELLULOSAPRODUKTER

Skogsbaserade nya material[42]

Hemicellulosor har intressanta egenskaper för att tillverka exv. papperskemikalier, barriärmaterial och nya kompositmaterial.

En del hemicellulosa låter man vara kvar i den färdiga pappersmassan och utgör en kvalitetshöjande effekt på vissa papperskvaliteter.

I ett bioraffinaderi kan vi idag förädla både lignin och cellulosa till flertalet produkter medan hemicellulosa utgör en outnyttjad resurs.

Innventia arbetar med hela hemicellulosans värdekedja; från fiberlinjen, separationsprocesser, kemiska modifieringar och produktegenskaper till kemiska analyser, materialanalyser och systemanalys.

Man måste utveckla effektiva separationer. Ett problem är att den värdefulla komponenten ofta finns i låga koncentrationer tillsammans med en mängd andra komponenter. Man måste också modifiera hemicellulosan för att skapa en produkt med önskade egenskaper.

En intressant tillämpning av hemicellulosa är material till

syrgasbarriärer. Man har skapat hemicellulosafilmer med goda barriäregenskaper och hög hållfasthet från olika restströmmar i massabruket. Detta material kan i framtiden ersätta aluminium, polyeten eller andra icke-förnybara skikt i en livsmedelsförpackning.

I dissolvingmassafabriker är vedhyrolysat en restprodukt som producerar massa till exempelvis textilfiber. När fabriker konverteras från produktion av pappersmassa till dissolvingmassa och annan specialcellulosa, kommer allt större mängder hydrolysat att finnas tillgängliga.

Utvinning av hemicellulosa från massabruket

Hemicellulosa kan utvinnas ur svartlut eller förhydrolysat vid massabruk som tillverkar textilcellulosa. Dessa metoder används inte eftersom hemicellulosa från billiga jordbruksbiprodukter är ett alternativ. Användningsområden för hemicellulosa är hydrogeler för bl.a. livsmedel och medicin samt som barriärmaterial i förpackningar[43].

Hemicellulosaprodukter

Hemicellulosor är polysackarider uppbyggda av pentoser och hexoser. Hemicellulosa uppbyggnad skiljer sig från cellulosa tre avseenden:

1. Innehåller flera olika sockerenheter medan cellulosa endast innehåller glukos.

2. Betydande grad av kedjeförgrening med sidogrupper.
3. Lägre polymerisationsgrad.

På grund av grenbildningarna kan inte dessa kolhydrater lagras lika tät som den homogena cellulosan. Därför är graden av kristallinitet mycket låg. Hemicellulosor är mycket lätta att lösa ut och de är hydrofila.

- Lövved: Vanligast är Glukuronoxylan (15-30 vikt-%)
- Barrved: Vanligast är Galaktoglukomannaner (20 vikt-%)

Dessutom kan även stärkelse från t ex majs vara en billig konkurrent. Viktigt är att vedhemicellulosor inte härstamma från en jordbruksgröda, d v s konkurrerar inte med livsmedelsproduktion.

De intressantaste hemicellulosorna är:

- Propionsyra
- Fumarsyra
- Levulinsyra
- Furfural
- 2,5- furandikarboxylsyra
- Maleinsyra
- Mjölksyra (2-hydroxi-propionsyra)
- Bärnstenssyra
- Xylitol

Barriärmaterial i förpackningar

Hemicellulosa kan användas som biobaserat barriärmaterial i livsmedelsförpackningar. Hemicellulosa har bra barriäregenskaper mot syre och andra gaser.

Mjölksyra framställs idag genom bakteriell fermentering av rörsocker eller majsstärkelse, men skulle även kunna framställas ur vedsocker.

Användning av xylan som barriärmaterial har testats i pilotskala men det finns ännu ingen kommersiell produktion.

Hydrogeler

Hydrogeler håller såret fuktigt, är ofta smärtlindrande och har också en upprensande förmåga på fibrinbeläggningar och nekroser[44].

Fast skum

Fast skum består av gasbubblor dispergerade i ett fast medium, och kan betraktas som en kolloid. Exempel på fasta skum är pimpsten, som är naturligt förekommande, och skumplast eller skumgummi, som är konstgjorda material[45].

PRODUKTER FRÅN BARK

Suberin

Suberin är en polymer som i mycket liknar lignin. Suberin från lövvedsträd innehåller den naturliga polyestern suberin som är uppbyggd av fettsyror[46].

Björk har speciellt hög suberinhalt; ca 30 % av ytterbarken (som i sin tur utgör ca 20 % av barken). I storleksordningen 75 000 ton suberinsyror skulle kunna framställas ur detta.

Suberin innehåller den starkt hydrofobiska alifatiska fettsyror. Suberin är bland de mest motståndkraftiga biopolymerer vi känner till.

Betulin

Bark innehåller ett stort antal olika extraktivämnen såsom terpener och steroler, vars funktion är att skydda trädet från skadliga mikroorganismer, något som indikerar att vissa extraktivämnen kan vara medicinskt intressanta[47].

Tanniner och andra polyfenoler

Bark från gran och tall innehåller omkring 6 % kondenserade tanniner som kan lakas ut med vatten eller etanol[48].

Tanniner är polyfenoliska ämnen som bl a används till garvning av läder och som bindemedel och dispergeringsmedel.

PRODUKTER FRÅN TALLOLJA

Kemikalier[49]

Tallolja kan raffineras till olika kemikalier för användning

- i tryckfärger,
- som bindemedel,
- smörjmedel
- gummitillsats m m.

Några procent av råtalloljan utgörs av steroler som är eftertraktade inom hälsokost. Växtsteroler säljs t ex som en livsmedelstillsats som sänker kolesterolvärdet.

Biodiesel

Preem framställer bränslet med hjälp av tallolja från skogsindustrin. Råvaror från skogsindustri kan bli eftertraktade i en omställning till fossilfria drivmedel för bilar[50].

Preem blandar in cirka 50 procent i deras Evolution biodiesel. Den största utmaningen är att få bilisterna att förstå att även bensin och diesel kan vara förnybara drivmedel. Omställningen mot förnybara drivmedel måste leda till hållbara lösningar. Uppfinnaren och entreprenören Lars Stigson startade arbetet med att utveckla biodieseln. Han fick med sig Preem, Södra och Sveaskog i projektet som gick ut på att använda det energirika innehållet i skogsrester från svenska pappers- och massafabriker.

Svårigheten är att raffinera den vegetabiliska oljan så långt att det går att blanda med vanlig fossil diesel.

Preems diesel är gjord på HVO, hydrerad vegetabilisk olja. Biodieseln Evolution från Preem innehåller 50 procent råtallolja. Resten är fossil diesel.

Råtallolja är en biprodukt i massafabrikerna. I första steget avskiljs råtalldieseln från talloljan genom vacuumdestillation. I nästa steg omformas molekylerna i vätskan så att de blir identiska med molekylerna i fossil diesel.

Värmestabil polyamid från terpentinolja[51]

Terpentin är ett destillat från framförallt olika arter av barrträ, särskilt olika arter av tall.

Forskningsinstitutet Fraunhofer IGB har utvecklat ett hållbart alternativ till fossilbaserad plast med hjälp av terpener från hartsrikt trä.
En av huvudkomponenterna i terpentinolja är naturliga ämnet 3-karen i en avfallsström vid produktion av cellulosa från trä. Fraunhofer IGB använder en patenterad process för att utveckla nya polyamider från denna terpen.

NÅGRA ANDRA PRODUKTER UR TRÄDET

Fossilfri biometanol[52]

Södra beslutade 2017 att investera i en anläggning vid massabruket i Mönsterås för att producera biometanol. Därmed visade Södra att man arbetar för cirkulär ekonomi, resurseffektivitet och fossilfrihet.

- *Det är med stolthet vi nu har fått igång världens första kommersiella fabrik för biometanol. Omställningen till bioekonomi kräver att man nyttjar alla råvaror effektivt. Biometanolen framställs av den råmetanol som uppstår vid tillverkningsprocessen i Södras massabruk. Det blir alltså en del i den cirkulära process som redan finns vid Södras bruk, där grunden är att skogsråvarans alla delar används för bästa möjliga effekt. Med det här steget visar vi vägen till ett fossilfritt samhälle och det är helt i linje med vår egen strategi om fossilfria transporter till 2030,* säger Henrik Brodin, affärsutvecklingsansvarig energi och kemikalier på Södra.

Biobränslen via pyrolys och biodrivmedel m m via förgasning

Ny teknik kan bredda utbudet av biobränslen[53]

Vi kan utnyttja fler råvaror, och vi kan omvandla gasen till biobränslen med högre energitäthet och lägre klimatpåverkan.

Biogas kan ersätta fossil naturgas och ge en rad energitjänster men kan också omvandlas till högkvalitativa kemikalier.

Det finns några problem med en ökad användning av biogas i samhället. Tillgång på lämpliga råvaror kan verka begränsande vid de anläggningar som producerar metan genom rötning av biomassa.

Nästa problem gäller lagring och distribution av biogasen eftersom gasnäten är dåligt utbyggda i vissa regioner och för att biogas har lägre energitäthet än flytande bränslen.

Det finns idag ett flertal lovande exempel på ny teknik med koppling till biogas när det gäller produktion, distribution och omvandling till energitätare bränslen.

Om biogasen omvandlas till flytande bränsle ger detta enklare och effektivare distributionssystem.

När koldioxiden avlägsnats återstår metan vilket ger en gas bestående av nästan enbart biometan. Denna gas används främst som fordonsbränsle.

Biometan kan konverteras till dimetyleter (DME), som kan användas i dieselmotorer vilket är ett bättre alternativ än användning av komprimerad eller flytande biometan när det gäller både energi- och klimatprestanda.

Biogas produceras huvudsakligen genom rötning, där mikroorganismer under syrefria förhållanden omsätter organiskt material i form av till exempel gödsel, avfall, avloppsvatten, slakteriavfall eller växtmaterial.

Man kan även tillverka biogas genom pyrolys (torrdestillering). Pyrolys är termisk omvandling av biomassa till biometan och biprodukter exv. biokol i frånvaro av syre. Biokolen kan användas inom jordbruket som jordförbättring eller i industrier som energikälla.

Etanol m m via biokemisk omvandling

Metoder för att omvandla biomassa till etanol[54]

Kemisten Venkata Prabhakar Soudham har i sin doktorsavhandling testat olika växter och visar att bark är en typ av växtmaterial som kan omvandlas till biobränslet etanol.

Biokemisk omvandling kan användas för att utnyttja komponenterna i biomassa på ett effektivt sätt. Huvudsakligen handlar det om hydrolys av cellulosa och hemicellulosa till enkla sockerarter och därefter jäsning till exempelvis etanol. Dock är steget långt till en industriell process.

Venkata Prabhakar Soudham testade också olika jonvätskor (så kallade ILs) som alternativ till traditionella kemiska lösningsmedel vid förbehandlingen av biomassamaterial. Jonvätskorna var mycket effektivare än traditionella lösningsmedel.

- *Med jonvätska som lösningsmedel erhöll vi efter enzymatisk hydrolys en sockermängd på 94 procent. Detta kan jämföras med endast 34 procents "skörd" vid syrabehandlade biomassasubstrat.*

Ligno Boost[55]

LignoBoost är en metod för utvinning av lignin från svartluten i ett sulfatmassabruk. Man behandlar svartluten med koldioxid och en stark syra varvid ligninet fälls ut. Sedan tvättas och torkas det.

Stora Enso lät Valmet bygga anläggningen i finska Sunila som har en kapacitet att utvinna 50 000 ton lignin per år.

Ligno-Boost-anläggningen är integrerad med massabruket för separering och uppsamling av ligninet från svartluten.

- *Genom ligninutvinningsprocessen har vi ersatt stora volymer naturgas med det torkade ligninet som producerats i den nya LignoBoost-anläggningen, vilket har lett till att vi har minskat våra koldioxidutsläpp. Vi håller på att utveckla denna nya produkt och arbetar tillsammans med våra kunder för att komma igång med den externa försäljningen,* säger Sakari Eloranta, senior vice President, operations and investment projects på Stora Enso Biomaterials.

Initialt används ligninet för att ersätta större delen av naturgas

- *Detta är den andra LignoBoost-anläggningen i kommersiell skala i världen. Vi fortsätter att utveckla tekniken eftersom vi ser en stor potential i att använda lignin för olika ändamål. Ligninpulver kan användas som energiråvara på bruket eller omvandlas till andra material och produkter. Ligninseparationen kommer samtidigt att förbättra miljöprestandan på kundens massabruk,* säger Anders Larsson, chef, Biomaterial, affärsområde Pulp and Energy på Valmet.

Blandning av lignin och cellulosa

Forskning för att tillverka kolfiber av lignin har pågått ett antal år. Utmaningen är att få den tillräckligt stark för att fungera att använda i kompositmaterial. Genom att blanda ligninet med cellulosa har forskarna börjat närma sig målet att ta fram en konkurrenskraftig biobaserad kolfiber med tillräckliga mekaniska egenskaper till ett rimligt pris.

- *I detta projekt har man tagit stora steg framåt gällande forskning och utvecklingen mot att uppnå de nödvändiga mekaniska egenskaper och processförbättringar som krävs för att kunna producera en konkurrenskraftig ligninbaserad kolfiber,* säger Henrik Wallmo R&D Manager på Valmet AB.

Man har lärt sig att kraftlignin och cellulosa ska våtspinnas till kontinuerliga fibrer som sedan konverteras till starka biobaserade kolfiber.

- *En kostnadseffektiv kolfiber baserad på skogsråvara kommer framförallt leda till ökad användning. Ur ett svenskt perspektiv skulle det vara oerhört intressant om en svensk aktör tar plats i värdekedjan från skogsråvara till kolfiber och därmed ger upphov till en ny svensk industri,* säger Elisabeth Sjöholm, docent på RISE och senior forskare.

Det händer mycket när det gäller nya användningsområden för skogen. Traditionellt har skogen setts som en producent av massaved, sågtimmer och ved för eldning.

Acetylerad furu[56]

Vanlig furu kan behandlas med ättika och ger stora skillnaden när den gäller hållbarheten och livslängden. Materialet kallas Accoya.

En bro I Holland som är nedsänkt i vatten är byggd med Accoya. De flesta andra träslag hade ruttnat men inte Accoya.

Numera är Accoya fullt jämförbar med teak, azobé och mahogny och andra exotiska träslag. Furuvirket I Holland har behandlats och förändrar furuvirkets egenskaper till det bättre.

Ju tuffare omgivningar, desto bättre är det att välja Accoya. Det är därför utmärkt som:

- Trallbrädor
- Bad- eller båtbrygga
- Staket
- Nedgrävda stolpar
- Trägolv
- Fasadbeklädnad
- Utemöbler.

Förädlad skogsråvara kan bli en viktig väg framåt i det fossilfria samhället. Man ser en framtid där vedfibern kan bli råvara till fler produkter än trävaror, papper och biobränsle.

Förpackningar

Smarta förpackningar minskar matsvinn och världssvält. En

tredjedel av all mat som produceras i världens slängs. Fler smarta och miljövänligare förpackningar är en del av svaret. Fossila komponenter i dagens förpackningar kan genom forskningsinsatser ersättas av biobaserade alternativ.

Biobaserade och elektroniskt funktionella material som kan kommunicera information om innehållet tas nu framtill konsumenter. De finns redan idag prototyper på material som kommunicerar direkt med konsumenten. Framtidens förpackningar kommer att vara aktiva, intelligenta och digitala. Aktiva förpackningar anpassar atmosfären runt produkten och möjliggör att den når konsumenten i ett optimalt tillstånd vad gäller fräsch- och hållbarhet.

Intelligenta förpackningar

Förpackningarna kommer även att vara intelligenta. I framtiden kommer en förpackning att kunna berätta om hur länge innehållet befunnit sig i förpackningen samt under vilka betingelser den har hanterats. Dessa intelligenta förpackningar kommer även att vara en garant för att varan är äkta. Digitala förpackningar kommer även att göra förpackningarna interaktiva. Via appar och molntjänster kommer det att vara möjligt att ta del av olika typer av mervärde vad gäller produkten på ett nytt sätt.

Paper Bottle som initiativet kallas, är en flaska fullt nedbrytbar i naturen. Det unika och revolutionerande med denna lösning är att det är världens första träfiberflaska som tål kolsyrad dryck.

Den biobaserade flaskan har även mycket mindre klimatpåverkan än traditionella förpackningar, även i tillverkningsledet. Icke återvunna plastflaskor blir kvar i naturen i 450 år. Träfiberflaska som nu utvecklas bryts ned på cirka 7 veckor.

Förpackningens roll för minskat matsvinn[57]

Helén Williams, docent i miljö- och energisystem vid Karlstad Universitet, forskar på vilken roll förpackningar kan ha för att minska matsvinnet.

Helen Williams poängterar:

- Matsvinnet har en enorm påverkan på klimatet.
- Totalt behövs stora resurser i vår matproduktion, om vi räknar in allt såsom konstgödsel, vatten, transporter och förpackningar och så vidare.
- Livsmedelsproduktion är mycket resurskrävande och har stor klimatpåverkan.
- Alla människor äter dagligen varför det krävS stora kvantiteter livsmedel.
- Bristande kylmöjligheter och förpackningsbrist medför att fattiga länder slänger mycket mat i pro-

duktions-, distributions- och lagringsfasen.

- I rikare länder slängs mat hos konsumenter eller på restauranger. Det finns väldigt stort utrymme för förbättring och här kan förpackningen spela en stor roll.
- Klimatboven är all mat som vi slänger och inte själva förpackningen.
- Förpackningar står för cirka fem procent av klimatpåverkan medan maten står för 95 procent.
- Det är dock viktigt att förpackningarna återvinns för att få en lägre klimatpåverkan.
- Förpackningen ska framförallt skydda innehållet och samtidigt erbjuda olika funktioner för att minska matsvinn som exempelvis återförslutningsbarhet, som gör att livsmedlet håller sig fräscht längre.
- Förpackningar ska göra det lätt att ta fram rätt mängd, och att det är lätt att tömma ur förpackningen.
- Producenter måste förklara datummärkningen på förpackningen bättre så att inte så mycket slängs bara för att bäst-före-dag passerats.
- Vi behöver använda mer förnybara material.
- Materialen måste in i ett cirkulärt system eftersom att miljöpåverkan reduceras när vi använder materialen flera gånger.

- Flera producenter, som tidigare använde konservburkar för bönor och kikärtor, har nu gått över till Tetrapaks vätskekartong med aluminiumskikt.
- Plast av förnybar råvara och BillerudKorsnäs fiberflaskor ska kunna använda förnybar fiber för att hålla vätska.

Alla vedens beståndsdelar ska kunna användas.

Nordic Paper driver tillsammans med bioteknikföretaget Cewatech en pilotanläggning, som odlar mikrosvamp av brukets sulfitlut. Den kan till exempel användas i foder för fiskodlingar för att ersätta en del av dagens fiskmjöl och minska fiskodlingens miljöbelastning.

Även biprodukter från skogsavverkning som grenar och toppar (GROT) kan förädlas vidare på olika sätt för att få högre energivärde. Dagens polymerer utgår från olja, men vi vet att i framtiden kommer oljan att ta slut. Dessutom är inte dagens polymerer biologiskt nerbrytningsbar. När de förbränns bildas bl.a. koldioxid.

Finkemikalier

Forskare utvecklar som bäst nya användningsområden för de finkemikalier som finns i träd och man har nyligen uppfunnit genomskinligt trä som kan användas som material i solceller och huspaneler.

Man har gått från att utnyttja cellulosamolekyler till mindre beståndsdelar, nanocellulosa och mikrocellulosa.

De kemiska föreningar som finns i träd kan också användas i målarfärger och lim. Dessa föreningar kan man utvinna från skogsråvaran för att till exempel förbättra målarfärgernas rostskydd, förlänga livsmedels eller tvättmedels hållbarhet.

Några trender

1. Ändrade läsvanor på grund av digital teknik minskar efterfrågan på tidnings-, skriv- och tryckpapper.
2. Dyrare bomull eftersom tillgången på mark lämplig för odling inte längre kan möta efterfrågan och fokus på bomullsodlingens miljöpåverkan gör textilcellulosa intressant igen.
3. Miljölagstiftning, subventioner och konsumenttryck gynnar biobaserade produkter.

Några exempel på vad som kan dyka upp framöver:

- **Textil som används för att armera betong**
  Textilen, som är en varptrikå, kan motverka sprickbildning i betongytan. Betongen kan göras tunnare och blir också lättare.

- **En lysande klänning av energisparande tyg**
  Den reflekterar 70 procent av det ljus som riktas mot den. I vanliga fall används materialet till att exempelvis reglera temperatur och ljus i växthus.

- **Tyg som renar vatten**
  Genom att fästa fotokatalytiska partiklar på tyg som sänks ner i vatten, en bäck eller damm, startar kemiska reaktioner som bryter ner mikroorganismer som bakterier och amöbor när solens ljus träffar ytan på textilen.

- **Dräkten som förbättrar livskvaliteten för neurologiskt sjuka**
  Dräkten består av en byxa och en tröja som med elektricitet behandlar patienter med spastiska problem. I stället för ständiga sjukhusbesök kan den här dräkten med integrerad teknik användas i hemmet.

- **Världsunik klänning av återvunna jeans**
  Från jeans som rivits ner i små beståndsdelar på fibernivå kan utvinnas en massa som det går att spinna nya fibrer av.

- **Textilt material för konstgjorda blodkärl**
  Man har lyckats skapa blodkärl med en mer funktionell design som kan följa kroppens naturliga blodkärl.

- **En stickad stent som används för att bygga upp blodkärl**
  I stället för att opereras bort när den inte längre behövs i kroppen kan denna stent enkelt repas upp som en strumpa[58].

En intressant fiber kommer från lin. Den har tagits fram under många årtionden, men har hittills producerats hantverksmässigt och det är svårt att överföra denna process till en industriell teknik. Linfibern är lång och stark. Styrkan per tvärsnittsyta är högre än stålets.

Även majs har använts för att göra fibrer av biologiskt material men tygerna blir inte tillräckligt mjuka för att kunna användas i kläder. Man tror att framöver kan potatismjöl och malda musselskal få betydelse för tygframställningen. I framtiden kanske alla jeans är tillverkade av eukalyptus, bambu eller hampa.

Man har också lyckats framställa elektriskt ledande textilier, som tillverkats utan metallinnehåll. Fibrerna har utsatts för en förångning av elektriskt ledande polymerer.

Ångan bildar en yta på de textila fibrerna som därmed behåller sin mjukhet och flexibilitet samtidigt som de har ledande och mekaniska egenskaper. Kanske kan dessa textiler komma att användas bland annat för sol-cellspaneler, biobränsleceller och membran till antistatiska luftfilter.

Lätta material bra för elbilen

Man har testat lignin som elektrodmaterial i batterier. En av fördelarna med ligninbatterier är att de är miljövänliga då de kan tillverkas av förnybara råvaror.

Lättheten är extra viktig för elbilar för att minska vikten på bilen. Ligninbaserad kolfiber är billigare än vanligt kolfiber, lignin är ju en restprodukt från skogen som i bästa fall eldas upp. Batterier med lignin skiljer sig för övrigt inte från van-liga batterier.

Biosorb

Stora och mindre oljeutsläpp förekommer dagligen från lastbilar, kranar, fartyg, maskiner, bilar och lagringstankar. Alla spill bidrar till betydande miljöpåverkan och utsätter personalen för hälsorisker. Man vet av erfarenhet att det är både tidskrävande och dyrt att hantera och kassera olja på ett säkert och lämpligt sätt[59].

Biosorb är ett gelbildande fiberförband och är mjukt, be-hagligt, formbart nonwoven-förband av natriumkarboxi-metylcellulosa och stärkande cellulosafibrer.

Denna typ av förband gynnar snabb och optimal miljö för sårläkning[60].

Det har visat sig erbjuda större absorptionsförmåga än andra ledande gelningsfiber- eller hydrofiberförband in vitro. Den höga vertikala absorptionen av exsudat i fiberförbandet skyddar sårkanten och stödjer därmed läkningsprocessen.

Biosorb suger upp olja ur vatten[61]

Företaget Biosorbe har utvecklat en annan tillämpning, där en cellulosafiber suger upp olja i vatten utan att ta upp något vatten.

- *Vi har vänt på egenskaperna. Vanlig cellulosa suger upp vatten och löses upp. Vi har gjort så att den suger upp olja i stället*, säger vd Erik Josephsson till SVT.

Materialet har utvecklats tillsammans med KTH, Rottneros bruk och Paper Province i Värmland.

En provproduktionen har startat vid Rottneros bruk och under första halvåret 2020 är målet att vara igång med reguljär tillverkning.

Ny teknik ska få Sverige att flyga bättre[62]

Förgasning av biomassa med en förvätskningsprocess kan innebära att dagens fossila bränsle för svenskt inrikesflyg, kan bytas ut mot bioflygbränsle tillverkat av skogsrester.

Forskare vid Luleå tekniska universitet har i ett samarbete med bland annat IVL Svenska Miljöinstitutet demonstrerat tekniken bakom tillverkningen av bioflygbränslet från skogsrester.

- *Vi har hittat en lösning där dagens bränsle för inrikesflyget i Sverige i en nära framtid kan bytas ut mot bioflygbränsle producerat av svensk skogsråvara. Vi vet tillverkningstekniker som fungerar och vi vet att tillgången på restprodukter av svensk skog är mycket stor. Våra skogsrester täcker teoretiskt mer än väl behovet, för att med bästa teknik, på ett hållbart sätt, tillverka bioflygbränsle som försörjer både inrikes- och utrikesflyg i Sverige,* säger Fredrik Granberg, projektledare vid energiteknik, Luleå tekniska universitet.

Under 2017 genomfördes en förstudie för produktion av grönt flygbränsle. Förstudien visar att förgasning av biomassa i kombination med en förvätskningsprocess, så kallad Fischer Tropsch-syntes, kan ge konkurrenskraftig och hållbar produktion av bioflygbränsle av skogsindustris restprodukter.

Verkningsgraden för produktion av grönt flygbränsle från produkter i skogen som man inte brukar ta hand om -

skogsråvarorna grenar och toppar (GROT) och svartlut - är cirka 40 procent.

Forskarna bedömer att Sverige skulle kunna bli självförsörjande på bioflygbränsle med den tillverkningsteknik de föreslår. Sveriges skogsindustri har stor potential och erbjuder synergier.

- *Vi har en skogsindustri med en mycket utvecklad och effektiv råvarulogistik och det ger fördelar. Vår utvecklade massaindustri har även väldigt bra möjligheter att integrera produktion av biodrivmedel, vilket kan sänka produktionskostnaderna för bioflygbränsle. På utvecklingssidan finns en mycket stor teknikkunskap uppbyggd, bland annat genom de satsningar Energimyndigheten gjort med sikte på biodrivmedel för vägtransporter, något som har stora synergier med bioflygbränslen,* säger Erik Furusjö, forskare vid IVL Svenska Miljöinstitutet och adjungerad professor i energiteknik vid Luleå tekniska universitet.

Trätjära[63]

Trätjära är en av Sveriges äldsta produkter för impregnering och ytskydd av träkonstruktioner. Trätjära är naturens egna röt-, mögel- och svampskydd. Vid skada på ett träd producerar trädet kåda vid skadan, kådan motverkad bildandet av röta och angrepp av organismer. Tjära är torrdestillerad kåda och ger ett mycket bra skydd mot sol (UV-ljus), röta, alger, mögel och påväxt.

Trätjära används till målning av fasader, timmerstugor, stolpar, träbåtar, spåntak, staket, ladugårdar, trätak och andra träkonstruktioner som behöver ett bra skydd mot röta, angrepp och UV-ljus.

Kolmila

En kolmila eller mila är en anordning för framställning av träkol och en del andra produkter genom torrdestillation av ved. Den är konstruerad för kontrollerad upphettning av veden utan, eller med begränsad, syretillförsel. Framställningsprocessen kallas kolning[64].

BIORAFFINADERI[65]

Vad är ett bioraffinaderi och varför är de så bra för framtiden och miljön?[66]

I ett bioraffinaderi är att alla råvaror förnyelsebara ämnen, som kan produceras om och om igen av naturen. Man använder ofta naturens eget sätt att göra kemiska rektioner. De produkter som tillverkas i ett bioraffinaderi kan återföras till naturen. På detta sätt kan man få en hållbar produktion av material och kemikalier som kan användas direkt av en konsument eller av ett annat företag som i sin tur producerar andra produkter.

De stora huvudprodukterna för svensk skogsindustri är oförändrat sågade trävaror samt massa och papper. Men redan idag tillverkas andra produkter av skogsråvara än de vi traditionellt kanske tänker på som skogsprodukter. Textilfiber av skogsråvara har till exempel fått ett uppsving igen på senare tid i takt med att priserna på bomull har stigit och bomullsodlingens miljöpåverkan fått större uppmärksamhet[67].

Bioraffinaderiet Domsjö Fabriker tillverkar specialcellulosa av barrvirke som även den används bland annat för textilfiber men också återfinns i till exempel läkemedelstabletter och som konsistensgivare i livsmedel. Här förädlas också lignin som bland annat används som tillsatsmedel i betong samt bioetanol som används som köldmedium, spolarvätska, drivmedel och som tillsatsmedel inom färgindustrin.

Exempelvis är det jordbruksprodukter som korn, vete, raps och andra växter som kan odlas på en åker. Man kan också använda träd eller organismer från havet.

Man kan också använda avfall från jord- och skogsbruken eller avfall från livsmedelsindustrin.

Exempel på råvaror:

- spill från slakterier,

- blast från sockerbetor
- stekfett från restauranger.

Ur ett bioraffinaderi kan man få produkter som återgår till naturens kretslopp. Produkterna sägs då vara biologiskt nedbrytbara. Dessa produkter kan efter att de har använts förmultna och tas upp av naturen för att bli nya växter och djur. På detta sätt får man en hållbar produktion vilket innebär att man inte förstör jordens resurser på sikt.

SKOGEN EN KOLDIOXIDKONSUMENT

Skogen som koldioxidkonsument

Markanvändningssektorn (LULUCF, Land Use, Land-Use Change and Forestry) bidrar till ett årligt nettoupptag av växthusgasutsläppen. I klimatrapporteringens sektor "*Markanvändning, förändrad markanvändning och skogsbruk*" rapporteras att skogen är en koldioxidkonsument.

Detta är en viktig faktor och ännu viktigare blir den om vi betraktar regnskogarnas bidrag till vårt klimat.

Upptag av växthusgaser i skogen (LULUCF)[68]

I klimatrapporteringens sektor *Markanvändning, förändrad markanvändning och skogsbruk*, rapporteras kolförrådsförändringarna för varje marktyp samt avverkade trä.

produkter.

Mätningar visar att den i skogen upptagna mängden koldioxidekvivalenter överstiger den i övriga marken utsläpp av koldioxidekvivalenter.

Det som är glädjande är att nettot för koldioxidekvivalenterna ökar, dvs. de olika marktyperna har ett ökande upptag av växthusgaser.

Utsläpp (+) och upptag (-) av växthusgaser och scenario till 2045 för LULUCF-sektorn (miljoner ton koldioxidekvivalenter)

	1990	2017	2030	2045	1990-2045
Skogsmark	-36,2	-43,2	-40,8	-38,0	14 %
Åkermark	3,6	3,7	2,7	3,7	-24 %
Betesmark	0,3	0,1	0,3	0,2	-28 %
Våtmark	0,1	0,2	0,2	0,2	135 %
Övrig mark	0,2	0,007	0,001	0,001	-100 %
HWP	-5,0	-6-7	-5,8	-7,0	23 %
LULUCF	**-34,4**	**-43,7**	**-40,6**	**-41,4**	**21 %**

De årliga nettoförändringarna i kolförråd beräknas för kolpoolerna:

- Levande träd och växter
- Döda träd och växter
- Markkol (mineraljord och organogen jord)

Vår jord- och skogsmark bidrar till ett årligt nettoupptag av växthusgasutsläppen, det vill säga summan av sektorns utsläpp och upptag[69].

Prognosen för perioden 1997-2045 är att upptaget av koloxid i skogen ökar med 14 procent.

Skogen binder genom fotosyntesen koldioxid som annars skulle bidra till planetens uppvärmning. Därför är det bra att mycket ny skog nu anläggs i världen. I Kina planteras 30 miljoner hektar. Och i Sverige har skogsförrådet vuxit med 200 procent sedan 1950[70].

Skogens roll för klimatet[71]

Skogen är viktig för vårt klimat. När den växer förbrukar den stora mängder koldioxid. Skogen används istället för energikrävande material och bidrar på så sätt att man undviker utsläpp från produktionen av cement och metaller. Skogsbruket ger också biobränslen och kemikalier som ersätter fossila råvaror.

När man använder trä och andra produkter från skogsråvara, lagras kol in i byggnader och andra konstruktioner tills byggnaden rivs och biomassan kan då återanvändas eller åter brytas ner.

Skogsbruket ger även biobränslen som kan ersätta fossila energikällor.

Skogsbrukets råvaror kan ersätta produktionsprocesser som idag är beroende av mycket energi, fossila produkter, gifter och/eller omfattande bevattning vid framställningen. I så kallade bioraffinaderier kan skogsråvaran förädlas och material framställas till en lång rad produkter, exempelvis drivmedel, lack och färgämnen, mattor, bioplaster och textilier.

Ett långsiktigt hållbart skogsbruk säkrar ett kretslopp som åter binder koldioxid genom tillväxten av nya träd. Genom att plantera skog på nedlagd jordbruks- och betesmark kan ny skog växa upp, vilket ökar kolförrådet i Sverige.

Tidigare våtmarker har dikats ut och omvandlats till mark för skogsproduktion. Samtidigt minskar den naturliga produktionen av växthusgasen metan och man får mer skogsbiomassa att ersätta olja och annat med.

Hur produceras syre på jorden?

Jordens syre produceras under fotosyntesen i växter och alger, och utifrån dessas tillväxt kan man beräkna hur mycket syre som friges. Eftersom det är omöjligt att väga en skog eller algerna i en viss mängd havsvatten för att beräkna hur mycket de har vuxit, använder biologerna i stället matematiska modeller för att bestämma tillväxten[72].

Syret som havens alger bildar ingår i en global syrecykel. Vid intensiv fotosyntes kan det lokalt bildas så mycket syre att det inte är lösligt i havsvattnet och därför bubblar upp i atmosfären. På andra platser är syrekoncentrationen mindre, och där tas syre från atmosfären upp i vattnet.

Då mängden bundet kol är proportionell mot nettoproduktionen av syre, kan man med hjälp av jämförelsen med fotosyntes beräkna hur mycket syre som produceras. Beräkningen visar att för ett ton kol som binds friges 2,67 ton syre.

Störst koldioxidupptag på skogsmark

Upptaget inom markanvändningssektorn är stabilt och högt och har dessutom ökat något sedan 1990. Under denna period har tillväxten av skog varit större än avverkningen varför skogen har en ökad volym. Under de tre senaste decennierna har nettoupptaget i genomsnitt uppgått till cirka 40 miljoner ton koldioxidekvivalenter. Men osäkerheten inom denna sektor är stor.

Skogens klimatpåverkan innefattar inte enbart växthusgas

balansen i skogen och lagring av kol i produkter, utan även klimatnyttan av att använda förnybar råvara från skogen istället för andra material och fossila bränslen, den s.k. substitutionseffekten[73].

Skogssektorns samlade klimateffekt är större än Sveriges utsläpp. Därför är skogen oerhört betydelsefull för klimatet. Det största nettoupptaget sker genom inbindning av koldioxid i träd, samt upptag av kol i mineraljorden.

Att nettoinlagringen är på hög nivå beror på att tillväxten i levande träd och växter är större än avverkningen samt på kolinlagringen i mineraljord. Man kan se stora förändringarna i levande träd och växter framförallt 2005 och till viss del 2007. Detta beror på stormarna Gudrun (2005) och Per (2007) som tog ner extra mycket skog.

Skogarnas förmåga att lagra kol minskas drastiskt när de nyttjas av människan[74].

Man beräknar att om människan inte hade brukat jordens mark skulle skogar och annan vegetation uppskattningsvis ha lagrat dubbelt så mycket kol. Minskningen beror på ingrepp när skogar förvandlas till åkermark eller städer.

Hälften av minskningen orsakas av skogsbruk och bete och ren avskogning orsakar mer än hälften av minskningen.

- *Brukade skogar lagrar ungefär en tredjedel mindre kol än orörda skogar gör,* säger Karl-Heinz Erb från österrikiska Alpen-Adria-universitetet i ett pressmeddelande.

Detta kan få konsekvenser när det gäller användningen av biomassa som energikälla. Koldioxidutsläpp sker när biomassa bränns, inte bara vid olje- och gasförbränning. Även om ny skog kan planteras och växa upp, så kommer den nya skogen inte att lagra lika mycket kol som den orörda, konstaterar forskarna.

Markanvändningen påverkar kollagringen

När skogen växer tas koldioxid upp från atmosfären och binds in i träd och mark. Efter avverkning släpps koldioxid åter ut till atmosfären i takt med att kvarlämnade träddelar bryts ner och de olika produkterna efterhand bränns eller ruttnar. En del av markens växter dör och nya kommer till på hygget.

Ett långsiktigt hållbart skogsbruk säkrar ett kretslopp som åter binder koldioxid genom tillväxten av nya träd. Genom att plantera skog på nedlagd jordbruks- och betesmark kan ny skog växa upp, vilket ökar kolförrådet i Sverige.

En del av den växtlighet som finns kvar dör ut och nya växter kommer till. Ett långsiktigt hållbart skogsbruk säkrar ett kretslopp som åter binder koldioxid genom tillväxten av nya träd. Genom att plantera skog på nedlagd jordbruks- och betesmark kan ny skog växa upp, vilket ökar kolförrådet i Sverige.

Olika skogs- och marktyper lagrar olika mängd kol. Exempelvis har marker med hög grundvattenyta ansamlat stora lager kol i form av torv. Hur skogsbruket utförs påverkar vilken mängd kol som lagras i skogen. En hög efterfrågan på skogsbiomassa innebär samtidigt att man blir angelägen om att skydda skogen mot brand och andra skogsskador. När olika skogliga åtgärders roll för klimatet utvärderas är det lämpligt att se effekten över ett större landområde och i ett längre tidsperspektiv.

SKOGEN EN VIRKESPRODUCENT

Framtidens bilar byggs av trä[75]

Det går att bygga bilar av träd från skogen. En grupp forskare från KTH, Innventia och Swerea Sicomp har tillverkat en modellbil med ett tak tillverkat av en komposit baserad på 100 procent barrvedslignin tillsammans med ett batteri där lignin används som elektrodmaterial.

Bilen är ett stort steg för att förverkliga visionen om nya lättviktsmaterial från skogen som en del av den framtida bioekonomin. När morgondagens bilar kan tillverkas av material från skogen kommer det att innebära ett uppsving för till exempel elbilar.

Kolfiberkompositer är lätta, starka och har många användningsområden. Det som idag huvudsakligen begränsar efterfrågan är den höga kostnaden vilket gör att traditionell kolfiber främst används i produkter där prestanda och prestige är viktigare än prislappen.

Lignin är en biprodukt vid pappersmassatillverkning som dock kan produceras kostnadseffektivt. Det leder till väsentligt ökad tillgång på råvara som dessutom är just biobaserad. Även normala bilar och andra vardagsprodukter skulle kunna tillverkas i ligninbaserad kolfiber. Lättare bilar innebär lägre energiförbrukning. Detta gör det möjligt för framtidens fossilfria fordonsflotta.

- *Parallellt med den här utvecklingen så pågår intensivt arbete med att utveckla de befintliga tillverkningsmetoderna för kolfiberkompositer. Vi tror på storskalig tillverkning av lättviktsmaterial och därför måste tillverkningsmetoderna för kompositer bli mer kostnadseffektiva.*
- *Det finns ingen anledning att tro annat än att dagens fossiloljebaserade kolfibrer kommer att kunna ersättas med ligninkolfibern i dessa tillverknings-*

processer, säger Birgitha Nyström, Forskningsledare för materialteknik på Swerea Sicomp.

Bränderna 2018

Sommaren 2018 var ovanligt varm och torr. Enligt Myndigheten för Samhällsskydd och Beredskap (MSB) brann 24.300 ha under detta år. 21.600 ha var produktiv skogsmark, 1.900 ha ej trädbevuxen mark och 900 ha annan trädbevuxen mark.

Detta innebar direkta utsläppet till knappt två miljoner ton koldioxidekvivalenter

- från brunnen biomassa 1,71 miljoner ton koldioxidekvivalenter
- som lustgas 0,02 miljoner ton koldioxidekvivalenter,
- som metan 0,19 miljoner ton koldioxidekvivalenter).

I beräkningarna finns inte uppskattning på utsläpp från förna och humus med i samband med bränderna 2018.

Utsläpp sker från åkermark, bebyggd mark och våtmarker Utsläppen inom sektorn sker framför allt inom marktyperna åkermark, bebyggd mark och våtmark.

- **Åkermark**

  Åkermark finns på sex procent av Sveriges yta. Nettoutsläppen av växthusgaser från åkermarken har i genomsnitt varit cirka fyra miljoner ton koldioxidekvivalenter per år under perioden 1990 - 2018.

  Variationerna i åkermarkens mineraljord beror främst på vad som odlas och hur stora arealer vissa grödor odlas på samt hur stor andel av åkermarken som ligger i träda. Till detta kommer även variationen i vädret. Nettoutsläppen på åkermark sker även på organogena jordar (dvs. torv- och gyttjejordar) när det organiska materialet bryts ner och ju mindre areal organogen mark desto minder utsläpp. Utsläppen har minskat från cirka tre och en halv miljoner ton koldioxidekvivalenter 1990 till ungefär tre miljoner ton koldioxidekvivalenter 2018.

  De organogena jordarterna präglas av sitt innehåll av organiskt material, dvs. material som har sitt ursprung i levande vävnad.

- **Bebyggd mark**

  Bebyggd mark utgör fyra procent av Sveriges yta. Denna marktyp är en källa för växthusgaser och har varit så under hela perioden, 1990 - 2018. Nettoutsläppen år 2018 var knappt tre miljoner ton koldioxidekvivalenter. Utsläppen uppstår främst vid avskogning i samband med anläggande av vägar, dragning av kraftledningar samt vid bebyggelse då både kol lagrat i biomassa (som avverkas) och mark (påverkas i olika utsträckning) frigörs.

- **Våtmark**
  16 procent av Sveriges areal består av våtmark. Det är enbart de våtmarker som är brukade (torvproduktion) som räknas in i denna marktyp. Nettoutsläppen från torvproduktion i Sverige är liten, cirka 0,2 miljon ton koldioxidekvivalenter.

Observera att osäkerheten i siffrorna är stora och speciellt för de sista fyra åren vilka är större än för tidigare år.

Skogen ger klimatvänligt byggnadsmaterial[76]

Ett hållbart skogsbruk kan leverera energisnåla byggnadsmaterial. Träprodukter kan användas för att ersätta andra material som kräver mer energi att framställa, exempelvis cement, järn och stål.

När stora mängder fossil energi i form av kol, olja eller fossilgas måste tillföras vid produktionen av byggnadsmaterial, ger det stora utsläpp av växthusgaser.

Bygg i trä för att minska utsläppen

Genom att använda trä vid byggnationer, exempelvis trästommar istället för betongstommar i flerbostadshus, minskas utsläppen av växthusgaser. Dessutom fortsätter material gjort av trä att lagra kol hela produktens livslängd tills biomassan åter bryts ner.

Hur mycket utsläppen minskar beror bland annat på hur byggnadsmaterial av trä produceras och hur restprodukter används.

Om restprodukterna (exv. hyggesrester och sågspån) används till bioenergi förbättras klimatnyttan.

När byggnationerna har tjänat färdigt och slutligen rivs kan även detta trä användas till att producera klimatvänlig elektricitet och värme.

Hur effektivt och vilka bränslen som används vid transporter påverkar också den slutliga klimatnyttan av att bygga med trä.

Limträ för stora och små konstruktioner

Limträ har blivit ett vanligt material i byggkonstruktioner.

Innan limträ fanns på marknaden byggdes inte höghus i trä

på grund av brandrisken.

Norge har världsrekordet när det gäller höghus i trä, men nu kommer även Kanada och Sverige med uppåt 20 våningar i trä. Både forskare och byggbransch gnuggar händerna över nya möjligheter.

Nu planeras prispressade, smarta höghus i trä. Och det handlar om uppåt 20 våningar när byggindustrin i kombination med ny byggteknik tror på högre trähus än någon gång i modern tid. För att få bra ekonomi i projekten, vill man bygga riktigt högt, gärna i trä.

Limträ är ett klimatsmart alternativ till många andra byggmaterial, eftersom det tillverkas av en förnybar råvara och binder koldioxid. Det är starkare än stål och betong i förhållande till sin vikt – samtidigt som det är lättarbetat, brandsäkert och vackert.

Tvärtemot vad många kanske tror står limträ emot brand väldigt länge. Vid brand bildas ett kolskikt som isolerar mot värmen. Limträ brinner sakta jämfört med många andra material.

Limträ behåller sin bärförmåga vid brand, vilket gör det till ett utmärkt material för bärande konstruktioner. Jämfört med stål är det också mycket formstabilt, vilket är ett av många goda skäl att välja limträ som konstruktionsmaterial.

Reglar av papper

Wood Tube har skapat en unik produkt som förbättrar snickarnas arbetsmiljö och bidrar till ett mer hållbart byggande.

- *En enda plåtregel har samma koldioxidutsläpp som fjorton pappersreglar,* säger Tobias Söderblom Olsson, på Wood Tube.

Pappersregeln har god hållfasthet och skruvbarhet och kan användas i många applikationer såsom i produktionen av innerväggar.

Man har gjort tester i möbelindustrin där regeln har använts i exempelvis sängbottnar och soffor[77].

SKOGEN SOM ENERGIRÅVARA

Skogen är vägen framåt

Forsknings- och innovationsdirektör Torgny Persson, Skogsindustrierna framhåller att ett viktigt mål för hans arbete är att få till stånd fler forsknings- och innovationsprogram som stöttar utvecklingen. Skogsindustrierna samverkar därför med flera företag och forskningsfinansiärer som till exempel innovations-myndigheten Vinnova, Energimyndigheten, stiftelsen Mistra och statliga forskningsrådet Formas.

- *Skogsråvaran är spännande eftersom vi kan göra så mycket mer av den än vad vi gör i dag. Material som presterar bättre än fossilbaserad råvara och med helt andra egenskaper. Det gör att skogen på många sätt är vägen framåt för det hållbara samhället,* menar Torgny Persson, Skogsindustrierna.

Avskogningen

Avverkningen av världens skogar har stor klimatpåverkan och är jämförbart med förbränningen av fossila bränslen (olja, kol och fossilgas). När skog avverkas snabbare är ny skog hinner växa upp ökar mängden koldioxid i atmosfären och ökar växthuseffekten. Detta utgör normalt inget problem, när nya träd växer upp i samma takt som andra avverkas eller dör. Skogsskövling avger nästan 20 procent av alla växthusgaser som släpps ut i atmosfären[78].

Avverkningen påverkar dynamiken och på sikt också djur- och växtarter eftersom en del gynnas medan andra missgynnas. Den biologiska mångfald kommer sannolikt att minska med de miljöförändringar som följer av den ökade växthuseffekten. Klimatförändringarna bidrar till att allt fler skogsområden blir allt torrare, som i sin tur ökar risken för intensivare skogsbränder. Stora bränder riskerar att enorma mängder koldioxid frigörs. Dessa bränder bidrar också till att lämna jorden oskyddad och regnet sköljer bort jorden och på så sätt försvåra återväxten. I områden med tunt jordlager blottläggs marken helt och jorden bränns sedan sönder av solen.

FN:s vetenskapliga klimatpanel, IPCC, uppskattar att många av världens skogar påverkas negativt av de globala klimatförändringarna, särskilt i de nordliga barrskogarna där uppvärmningen beräknas bli störst. Andra skogstyper som också är särskilt utsatta är tropiska bergsregnskogar, kustskogar och mangroveskogar[79].

SKOGEN SOM SKAFFERI

Ätliga vilda växter

Det finns mycket ätbart i skogen. Men ät endast de växter du är helt säker på är ätliga! Det finns många växter som är lätta att känna igen men det finns också det som du bör vara försiktig med och som kan förväxla med annat. Ät t.ex. inget som liknar hundkex.

Några ganska enkla växter att känna igen är maskros, nässla och svinmålla (ogräs som förr odlades som spenat och som är mycket nyttigt).

Det bättre att använda spenatblad, sallad, mangold, grönkål m.m.

- **Ringblomma**

  Blommorna är ätliga och fina att garnera maträtter med. Fin rabatt- och snittblomma, lättodlad. Sås ofta för biologisk bekämpning av myror[80].

- **Nyponrosen**

  Blommor kan man ha i en sallad och av rosens frukt, nyponen, kan man göra nyponsoppa eller nyponte. Det kan användas torkat eller färskt. Man kan torka det och smula det över müslin, gröten eller något annat.

22 användbara växter i skog och mark

Växternas delar och deras användningsområde (Ur *Okuvlig* av Pär Leijonhufvud[81]).

- **Rötter**

  Innehåller stärkelse men ibland som olika sockerarter.

- **Frön**

  Frön innehåller ofta en del näring.

- **Bär, frukt**

  En bra källa till snabba kolhydrater.

- **Skott**

  Skott kan innehålla en del kolhydrater och vitaminer.

- **Nötter**

  Ofta rika på fett och/eller protein.

- **Blad, stjälkar**

  Bra källor till vitaminer och mineraler.

- **Kambium**

  Innehåller ofta ganska mycket kolhydrater. Från björken kan man på våren tappa sav, som är söt och god.

- **Brännässla**

  Man kan använda dem i maten, göra te eller tillverka snöre av stjälkarna.

- **Hundkäx**

  Luktar lite som morot, blomstjälken är ihålig och fårad, ibland sträv.

- **Kaveldun**

  Rotstockarna kan man krossa i vatten och få ut en stor mängd stärkelse.

- **Kolsäv**

  På säven kan man äta dels märgen från stråbasen men även rotskotten.

- **Kärleksört**

  Man kan äta bladen direkt. Man kan koka rötterna och sedan äta dem.

- **Skägglavar**

  De bruna och brunsvarta arterna. De övriga innehåller mycket lavsyror.

- **Maskros**

  Man kan äta dem i salladen. Man kan även äta roten.

- **Mjölkört**

  Bladen kan torka till ett gott te, den bleka märgen inne i stjälken är god att äta färsk, och det går att rosta eller koka de unga rötterna och äta dem.

- **Nypon**

  Nyponen innehåller mycket C-vitamin (upp till 1 %!), och även en del kolhydrater. Ät dem färska eller koka till mos eller nyponsoppa

- **Ormrot**

  Man kan äta groddknopparna. Även bladen kan ätas, men har ett måttligt näringsinnehåll.

- **Tall**

  Tallens och granens rötter går att använda som snöre. De färska skotten innehåller mycket C-vitamin och även en del socker (upp till 10 %!). Av innerbarken kan man tillverka barkmjöl.

- **Ullig kardborre**

  Roten är rik på kolhydrater.

- **Vass**

  Du kan använda vassens rötter på samma sätt som kaveldunets och stjälkarna. Vassen lagrar sockerarter i roten.

Läkeväxter

- **Grankåda**

  Kådan från gran, den färska klara kådan, fungerar

bra på små sår. Droppa färsk kåda på såret. Dels täcker det och både stoppar blödningen och hindrar smuts att komma in i såret, men den är även lätt antibakteriell.

- **Groblad**

  Bladen är bra på sår, både vanliga och de som är mer svårläkta. Plocka bladen, skölj dem noggrant för att få bort all jord, och krossa till en gröt. Lägg på såret och låt sitta kvar i minst ett dygn. Om du har hosta kan du göra ett te och dricka det i lugn takt. Fröna är goda, och rika på B-vitamin och protein.

- **Gulvit skägglav**

  Den här laven kan du använda för sårvård då den innehåller ämnen som är bakteriedödande (usninsyra)

- **Sälg och vide**

  Sälgens blad och bark innehåller salicylsyra, som kan användas som huvudvärksmedicin och för allmän smärtlindning.

- **Vitmossa**

  Du kan använda den som den är som toapapper när du är ute i skogen.

- **Älggräs**

  Från blad och blommor av älggräset kan man göra Huvudvärksmedicin. Det är bara att koka 1-2 kosor fulla i en halv liter vatten (i ca 20 minuter)[82].

Träd som mat[83]

- **Barkbröd**

  Ett historiskt nödbröd som till en del bereddes av det torkade och malda inre barkskiktet från främst tall men även gran m fl träd. Den cellulosarika barken bidrog inte till brödets näringsvärde, men gav mättnadskänsla.

- **Kanel**

  Vanligen arter av släktet Cinnamomum. Kanelarterna är från trädets bark, som skördas och används som krydda. Kanel är känd i Norden från 1300-talet.

- **Lönnsirap**

  Lönnsirap är saven från den nordamerikanska trädarten sockerlönn. Den tas tillvara på våren vid savstigningen. Man borrar hål i trädets ytved. I hålet fästs ett rör, genom vilket saven rinner ut och därefter samlas upp.

- **Vanillin**

  Ett ämne med stark vaniljlukt som används mycket i livsmedelsindustrin för att smaksätta t ex bakverk och glass. Vanillin är ett naturligt smak- och doftämne, som är den överlägset tydligaste komponenten i vaniljsmaken. Vanillin kan vara naturligt framställt men oftast är det artificiellt, dock fortfarande naturidentiskt, framställt för att det ska bli billigare. En naturlig källa är sulfitkokningsavlut som är en biprodukt vid massatillverkning.

- **Prebiotiska cellooligosackarider**
  I bioionnovationsprojektet ForceUpValue tas prebiotika fram ur restströmmar från skogsbruk, som grenar och toppar. Prebiotika som har potential att ge bättre tarm- och maghälsa till djur och människor via smart foder och föda. (Källor: Nationalencyklopedin och ForceUpValue)

SKOGEN – MILJÖ FÖR UPPLEVELSER

Det finns enkla åtgärder för att skogen ska bli ännu bättre att vistas i[84].

Du kan

- öka andelen lövträd
- låt skog och träd bli gamla
- vara rädd om busk- och fältskikt
- vara rädd om vatten och göra det tillgängligt
- röja fram utblickar och kulturlämningar
- röja fram och markera stigar.

Vi kan öka tillgängligheten och styra besökarna till vissa

områden. Stigar och rastplatser underlättar för en sådan anpassning.

Skogssverige beskriver skogens sociala värde[85]:

> ”Skogen är en betydande del av det svenska landskapet som många använder för rekreation och naturupplevelser. För många människor är det ovärderligt att kunna vara ute i skogen och njuta av vacker natur, jaga, fiska, sporta, plocka bär och svamp eller helt enkelt bara vara i skogens tystnad.”

Skogens sociala värden har definierats av Skogsstyrelsen (2013) som *de värden som skapas av människans upplevelser av skogen*. Dessa värden rör skogens betydelse för:

- hälsa, välbefinnande och en god livsmiljö
- fritidsupplevelser, friluftsliv och turism
- upplevelsevärden och sociala naturkvaliteter
- estetiska värden
- pedagogik och kunskap om skog och miljö
- lek, samvaro och sociala relationer
- intellektuell och andlig inspiration
- identitet och kulturarv

Rastplatser

En glänta för fikat, en rastplats med vindskydd eller en utsiktsplats. Ännu bättre är det om det finns en stock eller stubbe att sitta på.

Skogsstigen

Skapa en stig, lyft fram fält- eller buskskikt eller röj fram en utblick mot vatten eller en kulturlämning.

Växter och djur

Växter och djur gör besöket i skogen roligare och intressantare. Skogsbryn och kantzoner till våtmarker är ofta miljöer son också har estetiska värden.

Skyltar

Låt en skylt berättar historien om kulturlämningen eller träden för att öka värde av besöket.

Hänsyn till skogens sociala värden

Du måste enligt skogsvårdslagen ta hänsyn till allmänt nyttjade stigar och leder. Planera en skyddszon med hänsyn till landskapsbilden och planera hygget så att det upplevs som litet.

Grunden är bra kommunikation

Ideella föreningar och Skogsstyrelsen har tillsammans kommit fram till vikten att ta en god hänsyn till människors upplevelser är en bra kommunikation.

Allemansrätten

Allemansrätten ger oss rätten att färdas över privat mark i naturen, att tillfälligt uppehålla sig där och till exempel plocka bär, svamp och vissa andra växter. Med rätten följer krav på hänsyn och varsamhet mot natur och djurliv, mot markägare och mot andra människor.

TRENDER FÖR SKOGSNÄRINGEN[86]

För skogsnäringen – liksom alla andra branscher - innebär utvecklingen en stor utmaning. Kompetens är en avgörande faktor för att skapa internationell konkurrenskraft och för att utveckla produkter som ska konkurrera med fossila alternativ, och därmed för att vi ska kunna utveckla det fossilfria samhället.

Under en längre tid har utvecklingen gått mot ökat fokus på hållbar utveckling som katalysator. Det sker en utveckling från fossilt till fossilfritt. Detta innebär en utveckling av nya drivmedel, bland annat med sidoströmmar från skogsråvara. Vi har även en elektrifiering, där förnybar el används istället för fossila bränslen.

För skogsnäringen innebär utvecklingen ett ökat intresse från andra branscher och verksamheter att använda olika former av biomassa. Samhällets omställning till fossilfrihet innebär ett ökat behov av produkter och biomassa från skogen och skogsindustrin.

Framtiden är redan här...[87]

Biodrivmedel är det mest realistiska alternativet att nå en fordonsflotta som är oberoende av fossila drivmedel 2030.

Biodrivmedel minskar direkt CO_2-påslaget från alla våra fossila fordon. Exempelvis Lignol ger över 90% CO_2-reduktion.

Det finns tyvärr inte tillräckligt med klimat- och kostnadseffektiva biodrivmedel. Räkna med att det tar minst 17-20 år att byta ut dagens alla fordon och bygga om infrastruktur till andra driftformer med el eller biogas. Vi ska klara det utan orealistiska kostnader och negativ miljöpåverkan. Företaget RenFuel har en snabb och realistisk lösning med biodrivmedel tillverkat av skogens lignin.

Man ska omvandla lignin till ligninolja som är en bioolja som raffineras till biodrivmedel med mycket hög klimateffekt. Man utnyttjar dagens väl fungerande infrastruktur för flytande drivmedel och nuvarande fordonsflotta och får en direkt positiv klimatpåverkan.

RenFuel räknar med att leverera lignol för raffinering till bio-bensin och bio-diesel. Produktionen av lignol har bara börjat och 2021 startar leveranserna i stor skala och fler anläggningar planeras att startas inom kort.

SÅGA, BRÄNNA, KOKA ELLER....?

Vad blir nu slutsatsen? Vad ska vi välja?

Enkelt uttryck: Vi ska använda all biomassa i skogen på ett optimalt sätt.

Vi ska **såga** eftersom vi behöver att bra byggnadsmaterial. Ökad kunskap om träets fysikaliska egenskaper har lärt oss att vi kan bygga höghus i trä. Rädslan för bränder är överdriven och limträbalkar står bättre emot brand än de flesta andra byggnadsmaterial.

Veden är egentligen ett för bra material för att vi ska **bränna** upp detta. Men i många situationer är veden den bästa värmekällan.

Pappersbruken behöver fibrer från massaindustrin. Vi måste **koka** för att frilägga fibern och kunna producera ett bra papper. Den digitala tekniken med informationsöverföring i digitalform har kraftigt minskat behovet av tidningspapper. Däremot har samhällsutvecklingen medfört att behovet av förpackningar har ökat. Papper står sig väl som förpackningsmaterial.

Intresset för skogen växer för varje år. Utöver traditionella produkter, som skogen genererat, utvecklar man nya tillämpningsområden[88].

Utöver tidigare nämnda tillämpningsområden för skogsråvara kan man nämna följande:

- **Aktiva material**
  Interaktiva papper och förpackningsmaterial som ändrar utseende och form när de responderar på olika stimuli.

- **Barriärer och filmer**
  En stor och viktig del är livsmedelsförpackningar där de skyddar livsmedlet mot yttre påverkan så som syre, fukt, damm och oljor men också hindrar utträngning av fetter, vatten eller inerta förpackningsgaser.

- **Hemicellulosa**
  Hemicellulosa utgör mellan 15 och 30% av ved. Kan användas till produkter såsom barriärmaterial för livsmedelsförpackningar eller biopolymerer med nya egenskaper.

- **Nanocellulosa**
  Utvinns ur träfibrer och har styrkeegenskaper i

klass med Kevlar men är baserad på helt förnybar råvara.

Skogsindustrin är i en omställningsprocess. De traditionella

produkterna är givetvis fortfarande viktiga, men branschen söker nya produkter. Textilindustrin är en av världens största branscher, men det är också en bransch som har betydande miljöproblem. Man söker nya råvaror och där kommer skogen in som en råvarukälla.

REFERENSER

---

[1] https://www.skogssverige.se/tra/fakta-om-tra/vedens-uppbyggnad/vedens-kemiska-sammansattning

[2] http://www.skogssverige.se/skog/svenska-trad

[3] https://www.skogssverige.se/papper/fakta-om/nya-produkter-fran-skogsravara

[4] https://www.ri.se/sv/berattelser/nanocellulosa-i-badesas-och-forpackning

[5] http://www.msn.com/sv-se/nyheter/vetenskap/forskare-skogen-skyddar-mot-allvarliga-sjukdomar/ar-AAmGHNt?ocid=UE07DHP

[6] http://paperprovince.com/om-oss/framtidens-skogsindustri/

[7] http://www.skogsindustrierna.se/bioekonomi/skogsindustrins-roll-i-bioekonomin/

[8] http://www.alltomvetenskap.se/nyheter/ravarorna-som-kan-ta-slut

[9] https://www.nyteknik.se/automation/grafiskt-papper-tappar-marknad-6878039#conversion-122831618

[10] https://svenska.yle.fi/artikel/2016/06/01/plast-som-tillverkats-av-ved-framtidens-supermaterial-kommer-fran-skogen

[11] https://www.skogssverige.se/papper/fakta-om/nya-produkter-fran-skogsravara

[12] https://www.skogforsk.se/kunskap/kunskapsbanken/2015/nya-produkter-fran-skogsravara-en-oversikt-av-laget-2014/

[13] https://www.setragroup.com/sv/press/setra-news/2017/oktober/framtiden-vaxer-pa-trad/

[14]Nya produkter från skogsråvara Innventia Rapport nr. 577 5

[15] Samsung och LG har visat upp det senaste i skärmteknik från sina forskningslabb. Det handlar om skärmar som kan böjas och vridas men ändå fortsätta visa bilden.

[16] https://www.ri.se/sv/berattelser/nanocellulosa-i-badesas-och-forpackning

[17] http://www.almedalsveckan.info/event/user-view/22907

[18] https://www.nyteknik.se/innovation/massafabriker-ordnar-fibrerna-till-nya-klader-6834354

[19] https://sv.wikipedia.org/wiki/Polyester

[20] https://www.forskning.se/2017/09/20/smart-kladd-i-100-procent-svenskt-papper/

[21] http://www.ikem.se/publicerat/stories/kemiska-processer-gor-gamla-klader-till-nya

[22] http://www.sverigeskonsumenter.se/Stilmedveten/Kategorier/fakta/Bomull---hur-bra-ar-det-/

[23] http://www.forskning.se/2017/02/17/shoppingresor-bakom-stor-del-av-svenskarnas-klimatutslapp/

[24] https://www.swerea.se/nyheter/sandra-roos-ny-doktor-i-miljosystemanalys-av-klader

[25] http://www.elle.se/framtidens-klader-odlade-i-labb/

[26] http://paperprovince.com/om-oss/framtidens-skogsindustri/

[27] https://www.radron.se/artiklar/fa-miljokoll-pa-dina-klader/materialskolan/

[28] https://www.sodra.com/sv/om-sodra/pressrum/pressmeddelanden/3457789/?https://www.sodra.com/sv/om-sodra/pressrum/pressmeddelanden/3457789/&gclid=EAIaIQobChMIsKuf1tbb5wIV-BOaaCh0xrAB3EAAYAyAAEgJg3PD_BwE

[29] https://www.nyteknik.se/premium/tillverkade-batteri-av-alger-nu-gor-de-ett-pappersbatteri-6926369

[30] https://www.livsmedelsverket.se/livsmedel-och-innehall/tillsatser-e-nummer/sok-e-nummer/e-460---mikrokristallin-cellulosa?AspxAutoDetectCookieSupport=1

[31] https://www.processnet.se/article/view/703611/nytt_cellulosamaterial?ref=newsletter&utm_medium=email&utm_source=newsletter&utm_campaign=daily

[32] https://www.skogsaktuellt.se/artikel/55856/nytt-projekt-ska-ersatta-plastforpackningar-med-cellulosa.html

[33] https://www.preem.se/om-preem/insikt-kunskap/2019/det-bruna-pulvret-som-far-forskarna-att-jubla/?utm_source=web_gt.se&utm_medium=native_ad&utm_term=&utm_content=biozin_link2&utm_campaign=native_com_2019

[34] https://www.hb.se/Om-hogskolan/Aktuellt/Nyhetsarkiv/2017/September/Lignin--sa-mycket-mer-an-en-restprodukt/

[35] https://www.skogforsk.se/contentassets/37424e1d348d4b26b1f08f3c29f87ce1/nya-produkter-fran-skogsravara-en-oversikt-av-laget-2014.pdf

[36] https://www.stockholmdirekt.se/e4-naringsliv/lignin-en-restprodukt-med-stora-mojligheter/repsec!bI7DcVipN7qHxLU5A/

[37] https://www.stockholmdirekt.se/e4-naringsliv/lignin-en-restprodukt-med-stora-mojligheter/repsec!bI7DcVipN7qHxLU5A/

[38] https://www.nyteknik.se/premium/forst-i-europa-i-ny-fabrik-blir-sagspan-till-pyrolysolja-6991498

[39] http://www.mynewsdesk.com/se/piteascience-park/pressreleases/vid-biobase-visas-ny-teknik-foer-tillverkning-av-ligninolja-2877573

[40] https://sv.wikipedia.org/wiki/Lignin

[41] https://www.nyteknik.se/miljo/sa-ska-framtidens-asfalt-bli-mer-klimatsmart-6921845

[42] http://217.114.91.26/sv/Om-oss/Tanker-vi1/Skogsbaserade-nya-material/

[43] https://www.skogforsk.se/kunskap/kunskapsbanken/2015/nya-produkter-fran-skogsravara-en-oversikt-av-laget-2014/

[44] https://www.vardhandboken.se/vard-och-behandling/hud-och-sar/sarbehandling/forband/

[45] https://sv.wikipedia.org/wiki/Fast_skum

[46] Nya produkter från skogsråvara Innventia Rapport nr. 577 29

[47] Nya produkter från skogsråvara Innventia Rapport nr. 577 29

[48] Nya produkter från skogsråvara Innventia Rapport nr. 577 29

[49] Nya produkter från skogsråvara Innventia Rapport nr. 577 30

[50] https://www.nyteknik.se/energi/sa-gor-de-biodiesel-fran-skogen-6576591

[51] https://www.recyclingnet.se/article/view/707690/varmestabil_polyamid_fran_terpentinolja

[52] https://www.sodra.com/sv/om-sodra/pressrum/pressmeddelanden/sodra-forst-i-varlden-med-fossilfri-biometanol/

[53] https://www.forskning.se/2019/04/01/ny-teknik-kan-bredda-utbudet-av-biobranslen/

[54] https://www.forskning.se/2015/05/26/battre-metoder-for-att-omvandla-biomassa-till-etanol/

[55] https://bioenergitidningen.se/teknik-utrustning/lignoboost-anlaggning-fran-valmet-overlamnad-till-stora-enso

[56] https://gds.se/material/tra/smart-teknik-ger-traet-superkrafter

[57] https://www.skogsindustrierna.se/skogsindustrin/forskning-och-innovation/nya-innovativa-material-och-produkter/textil/

[58] http://www.expressen.se/gt/framtidens-super-smarta-tyger-ar-har/

[59] https://www.biosorbe.com/greenall-absorbents/greenall

[60] https://www.acelity.com/healthcare-professionals/global-product-catalog/catalog/biosorb-dressing

[61] https://www.processnet.se/article/view/681803/pappret_som_fangar_olja_i_vatten?ref=newsletter&utm_medium=email&utm_source=newsletter&utm_campaign=daily

[62] https://www.processnet.se/article/view/590406/skogsravara_och_ny_teknik_ska_fa_sverige_att_flyga_battre

[63] https://www.paintpro.se/farg-ytbehandling/tratjara-och-tjarblandningar?gclid=EAIaIQobChMIxa3a7fff6AIV-ismyCh3Gtw4wEAAYAiAAEgKGX_D_BwE

[64] https://sv.wikipedia.org/wiki/Kolmila

[65] http://publications.lib.chalmers.se/records/fulltext/210606/local_210606.pdf

[66] https://interreg-oks.eu/webdav/files/gamla-projektbanken/se/Material/Files/Oresund/Projekter/Bioraff%20rapport.pdf

[67] https://www.skogssverige.se/papper/fakta-om/nya-produkter-fran-skogsravara

[68] https://www.naturvardsverket.se/Sa-mar-miljon/Statistik-A-O/Vaxthusgaser-utslapp-och-upptag-fran-markanvandning/

[69] http://www.e-pages.dk/bohuslaningen/2206/article/1069319/2/3/render/?token=6304261a925d6edc16619a0aa09f71fc&fbclid=IwAR2-G747glwXxaZGGe15QhkOcte49UXRU8Ye5q8gZwho-QOzC1hvkEvx7C5s

[70] http://www.e-pages.dk/bohuslaningen/2206/article/1069319/2/3/render/?token=6304261a925d6edc16619a0aa09f71fc&fbclid=IwAR2-G747glwXxaZGGe15QhkOcte49UXRU8Ye5q8gZwho-QOzC1hvkEvx7C5s

[71] https://www.skogsstyrelsen.se/miljo-och-klimat/skog-och-klimat/skogens-roll-for-klimatet/
[72] http://illvet.se/naturen/hur-produceras-syre-pa-jorden
[73] https://www.slu.se/globalassets/ew/org/inst/mom/ma/klimatrapportering/ru_lulucf_prognoser_vaxthusgaser_skog_skogsmark_slutrapport.pdf
[74] https://www.msn.com/sv-se/nyheter/inrikes/skogsbruk-p%c3%a5verkar-uppv%c3%a4rmningen-mer-%c3%a4n-v%c3%a4ntat/ar-BBH7OuF?li=AA4WWW&ocid=spartandhp
[75] https://www.forskning.se/2016/02/04/framtidens-bilar-byggs-av-tra/
[76] https://www.skogsstyrelsen.se/miljo-och-klimat/skog-och-klimat/klimatvanligt-byggnadsmaterial/
[77] Svensk Papperstidning Nr.3 2020
[78] http://www.wwf.se/wwfs-arbete/skog/problem/klimatforandring/1130644-skogar-och-klimatforandringar
[79] http://www.wwf.se/wwfs-arbete/skog/problem/klimatforandring/1130644-skogar-och-klimatforandringar
[80] http://www.plantagen.se/ringblomma-pink-surprise-200020102-se
[81] http://okuvlig.com/anvandbara-vaxter-i-skog-och-mark/
[82] http://okuvlig.com/anvandbara-vaxter-i-skog-och-mark/

[83] file:///C:/Users/larsa/OneDrive/Skrivbord/Manus%20A5/FÄRDIGT%20FÖR%20TRYCK/9%20SÅGA,%20BRÄNNA%20ELLER%20KOKA/Från%20skog%20och%20hav%20till%20framtidens%20smarta%20mat.pdf

[84] https://www.skogsstyrelsen.se/bruka-skog/olika-satt-att-skota-din-skog/hansyn-till-skogens-sociala-varden/

[85] https://www.skogssverige.se/skog/fakta-om/skogens-sociala-varden

[86] http://fossilfritt-sverige.se/wp-content/uploads/2018/04/ffs_skogsnaringen.pdf

[87] https://renfuel.se/bioenergi/qq2121111

[88] http://www.innventia.com/sv/Det-har-kan-vi/Nya-material/